高等学校食品专业规划教材

U0392797

食品安全
典型案例剖析

刘士健　明　建　王建晖　主编

化学工业出版社

·北京·

内容简介

为了帮助更多人员掌握食品安全相关知识，了解食品安全案例，《食品安全典型案例剖析》通过梳理国内外发生的、影响面较大的或者具有代表性的 23 个食品安全案例，包含食品原料供应环节、加工环节和流通环节，分别从事件描述、原因分析、事件启示、相关法规和关联知识等方面对食品安全案例进行介绍。

《食品安全典型案例剖析》可作为高等学校食品相关专业课程如食品安全案例、食品安全风险评估、食品质量与安全控制专题教学所用教材，也可作为食品监管部门人员和企业人员自学的参考用书。

图书在版编目（CIP）数据

食品安全典型案例剖析 / 刘士健，明建，王建晖主编． —北京：化学工业出版社，2021.8（2024.1重印）
高等学校食品专业规划教材
ISBN 978-7-122-39370-8

Ⅰ．①食… Ⅱ．①刘… ②明… ③王… Ⅲ．①食品安全-案例-中国-高等学校-教材 Ⅳ．①TS201.6

中国版本图书馆 CIP 数据核字（2021）第 120033 号

责任编辑：尤彩霞　　　　　　　　　　　　文字编辑：朱雪蕊　陈小滔
责任校对：宋　玮　　　　　　　　　　　　装帧设计：韩　飞

出版发行：化学工业出版社（北京市东城区青年湖南街 13 号　邮政编码 100011）
印　　装：北京科印技术咨询服务有限公司数码印刷分部
710mm×1000mm　1/16　印张 9¾　字数 165 千字　2024 年 1 月北京第 1 版第 3 次印刷

购书咨询：010-64518888　　　　　　　　售后服务：010-64518899
网　　址：http://www.cip.com.cn
凡购买本书，如有缺损质量问题，本社销售中心负责调换。

定　　价：59.00 元

《食品安全典型案例剖析》
编写人员名单

主　编

刘士健　西南大学　北京正博和源科技有限公司
　　　　　　　　　食品安全与管理服务公众号
明　建　西南大学
王建晖　北京嘉一科仪技术有限公司

副主编

肖　洪　中国海洋大学　北京正博和源科技有限公司
刁雪洋　重庆市市场监督管理局
周　艳　杜邦营养食品配料（北京）有限公司

参编人员（按姓名拼音排序）

陈　嘉　西南大学
葛笑笑　西南大学
金玉成　北京正博和源科技有限公司
李贝贝　西南大学
刘小飞　北京农业职业学院
刘晓珍　东莞理工学院
刘　悦　西南大学
冉　欢　西南大学
任　丹　西南大学
万　婧　贵州大学
王丽玲　塔里木大学
王启明　西南大学
吴　澎　山东农业大学

吴　倩　绵阳师范学院
尹杰文　西南大学
赵泓舟　西南大学
张　芳　北京工业大学
郑　斌　贵州蕴诚律师事务所
朱秋劲　贵州大学

Ⅱ

从食品安全"四个最严"的提出,到史上最严《食品安全法》的出台,食品安全问题日益受到政府部门和社会人士的高度重视,各相关部门和食品生产经营企业不断落实监管责任和加强食品安全管理工作,食品安全问题大多得以解决,食品安全形势也逐渐好转。

为了帮助更多人员掌握食品安全相关知识,了解食品安全案例,《食品安全典型案例剖析》梳理了国内外发生的影响面较大的或者具有代表性的 23 个食品安全案例,包含了食品原料供应环节、加工环节和流通环节出现的食品安全案例。本书从事件描述、原因分析、事件启示、相关法规和关联知识等方面对食品安全案例进行介绍,以下为各个环节的食品安全典型案例。

食品原料供应环节(包括环境污染和种养殖环节)的食品安全案例共 9 个,包括"镉"污染事件、火鸡 X 病事件、毒鸡蛋事件、瘦肉精事件、三聚氰胺奶粉事件、添加孔雀石绿事件、毒韭菜事件、香瓜污染李斯特菌事件、动物残留镇静剂事件。

食品加工环节的食品安全案例共 9 个,包括香椿芽亚硝酸盐超标事件、肉毒梭菌污染事件、敌敌畏喷洒火腿事件、皮革奶事件、苏丹红事件、牛奶污染金黄色葡萄球菌事件、地沟油事件、塑化剂饮料事件、花生酱食物中毒事件。

食品流通消费环节的食品安全案例共 5 个,包括米酵菌酸引起的食物中毒事件、有毒 PVC 保鲜膜事件、食品投毒事件、大肠杆菌 O_{157}：H_7 污染事件、学校食堂食品安全事件。

本书的编写目的,一是为了给高等学校食品相关专业课程如食品安全案例、食品安全风险评估、食品质量与安全控制专题教学所用,二是给相关食品监管部门人员和企业人员自学提供参考资料。

本书的编写作者包括西南大学、贵州大学、山东农业大学、北京工业大学、中国海洋大学、塔里木大学、东莞理工学院、北京农业职业学院、绵阳师范学院、贵州蕴诚律师事务所、重庆市市场监督管理局、北京正博和源科技有限公司、北京嘉一科仪技术有限公司、食品安全与管理服务公众号等单位从事食品安全研究和工作的教师、科研人员、律师、高级工程师、监管人员、研究生等,他们具有食品科学、微生物学、法学等综合、交叉学科背景,能从不同行业、不同专业的视角对这 23 个案例进行深入分析，专业性和针对性强。本书正文中的漫画插图由刘嘉一手工绘制。

本书中的所有案例，均已制作成视频形式进行解读，读者可以关注"食品安全与管理服务"公众号，然后在"培训课堂"的"网络课程"的"安全案例"板块中进行学习。

向为本书付出辛勤劳动的编者们表示深深的谢意。

鉴于编者水平有限，加之时间仓促，书中难免会有疏漏之处，敬请读者批评指正，以便我们后续修订。

编者

2021 年 1 月

目 录

案例 1

镉污染事件

一、事件描述

事件 1：日本"痛痛病"

"痛痛病"是 20 世纪轰动全世界的土壤污染公害事件之一，1955—1972 年发生在日本富山县神通川流域，致使河流两岸的人民受到惨痛的折磨，甚至死亡。20 世纪初期，这里出现稻米普遍生长不良、大片死亡，河里的鱼也大量死亡的现象。1931 年，当地出现了一种怪病，患者大多数为妇女，开始人们在劳动过后腰、手、脚等关节疼痛，但在洗澡或休息后会稍有好转；持续一段时间后，患者全身各部位都会发生神经痛，骨痛尤其严重，人们的正常生活受到了限制，就连咳嗽和大喘气时都疼痛难忍，严重时，患者骨骼软化、萎缩、四肢弯曲、脊柱变形、骨质松脆，就连轻微的活动都可以造成患者骨折；最后，患者卧床不起，无法进食，甚至连呼吸都很困难，病态极度凄惨，部分患者难忍疼痛之苦，而选择自杀。据报道，曾有一个患者打了一个喷嚏，竟使全身多处发生骨折；而患者患病严重时全身骨折达 70 多处，身高也因此缩短 20～30cm。当时这种怪病的发生和蔓延，引起人们的极度恐慌，但是无人知道这是什么病，只是根据病人疼痛时不停地喊"痛啊，痛啊"而称之为"痛痛病"。"痛痛病"在当地持续 20 多年，后来也影响到了周边的地区，据统计最终造成 200 多人死亡，代价极其惨烈[1-3]。

1968 年因此土壤污染事件而受害的患者以及死亡者的家属向当地地方裁判所提出民事诉讼，要求相关矿产企业对污染环境所造成的损害予以相应的赔偿。直到 1971 年富山县地方法院才做出一审判决，通过相关调查和病理学研究阐明发病的机制和原因，认定痛痛病与重金属镉的因果关系。确认被告给原

1

告造成的损害属于"无过失责任",要求被告按照统一标准支付赔偿金额[2]。被告不服提出上诉,由名古屋高等法院金泽分院做出二审判决,依旧支持一审判决,但是就关于赔偿金的标准做出了调整。对于患者的赔偿和经济救助方面,神冈矿产企业和当地居民始终没有达成全面和解,直到 2013 年 12 月,由受害者组成的"神通川流域镉污染受害团体联络磋商会"和责任企业双方交换了《关于全面解决的合意书》,历经半个世纪的纠纷才终于达成全面和解。

事件 2:"镉大米"

2013 年 2 月 27 日,《南方日报》发布了一篇名为《湖南问题大米流向广东餐桌》的调查报道[4],该文报道了 2009 年深圳粮食集团从湖南采购上万吨大米,经深圳质监部门检验,该批大米重金属镉含量超标。报道立即引起了广东省委、省政府的高度重视,并迅速部署大米专项检查行动,对重点地区进行督导检查。

2013 年 5 月 24 日,《南方日报》继续对事件进行了后续报道,发布了一篇名为《120 批次"镉大米"现形》的调查报道[5]:广州市等 10 市大米镉含量抽检数据,8 市共检出 120 个批次大米不合格。其中广州检出不合格批次最多,清远产的连州油粘米镉超标最严重,接近标准值的 6 倍。

二、原因分析

1. "痛痛病"事件原因

据相关记载,因为此危害事件波及面广、持续时间长久、代价惨痛,1961年,日本富山县成立了专门调查小组——富山县地方特殊病对策委员会,对此事件开始了国家级的研究调查,直到 1967 年研究小组才发表报告证实患病原因是金属镉污染引起的慢性中毒[1]。

19 世纪 80 年代由于日本工业的发展,神通川流域的上游神冈矿产成为日本铝矿、锌矿的制造基地。企业长期将未处理的废水和废渣排入神通川流域,污染了水域,当地的人们用此灌溉稻田,生产出来的稻米就是重金属镉富集的"镉米",两岸的人民长期食用"镉米"和饮用"镉水",使得重金属镉在身体大量积蓄造成镉中毒,引起肾脏损害,进而导致骨软化病,最终把他们带进了"骨痛"的阴霾中。

2. "镉大米"事件原因

大米镉含量超标的原因可能是土壤、灌溉水污染,也不排除加工过程中的污染。我国南方部分地区水域中镉、砷、铅、汞的浓度超过环境的背景值,并且由于水体的流动性特点,污染面积会随着水体的流动不断加大,多地曾发生粮食受重金属污染情况。

近年来,湖南省、湖北省、四川省和江西省等稻米主产区的灌溉水系,如湘江、赣江和汉江等河流[6],沿岸城市的有色金属开采和冶炼业都比较发达,导致整个水系的重金属污染情况异常严重,尤其在南方酸性土壤中种植的大米,较北方中性和微碱性土壤,镉更易被吸收。特别是2013年5月,广州市食品药品监督管理局镉超标含量较高抽检样品不合格比例高达44.4%[7]。

这次事件中,2013年5月22日的抽检结果中竟然有部分批次散装大米产地不明,可以看出对于食用大米存在源头管理不明确的问题,这对于产品的溯源追踪存在极大障碍。大米是我国家庭的主要日常主食,有研究表明,一个家庭一年的大米消费在300kg左右,因此,对于大米的监管应该达到有据可依,不应该出现来源不明的现象,而且对

于大米这种地域性产品更应该注重跨区域的执法合作,避免执法盲区,不能让不法商家有机可乘。对于这些食品安全事件案例,我们应该从中吸取经验,对于存在的问题进行及时整改,防止因食品安全事件频发而对消费者造成不可估计的损失。

三、事件启示

环境污染公害事件惨痛的教训引起政府及相关部门的高度重视,也给全世界的人们都敲响了警钟,如以破坏环境为代价盲目追求经济增长,必定带来血的教训。

目前我国土壤污染主要存在的问题有:①污染类型多样化;②污染源头广泛,成因复杂;③防治法律法规体系不健全,缺乏有效监督与管理;④防治资金、技术、人力等投入不足;⑤土壤保护意识差。

借鉴国外环境污染防治立法相关经验并结合我国自身国情进行合理的立法,对我国立法主要有以下启示。

1. 源头上进行控制

"镉大米"让我们知道,环境污染也会导致食品安全问题。各地方政府应该加强跨界镉污染防治、监管和联合执法。建立污染土壤管理制度,划定土壤污染管制区,严格控制和管理污染源,切实履行政府的监管职责。从源头进行

控制，才是解决问题的根本。

2. "谁污染谁治理"，强化生产经营者主体责任

土壤污染是一个复杂的过程，容易出现土壤污染者不明确或牵涉范围广的现象，为避免污染土壤无人承担责任、土壤污染的纠纷无法可依的局面，可以制定"共同责任制"。由土地使用者、土地所有者、相关部门共同承担责任，也要对已经明确土壤污染的责任主体实施永久追溯。生产企业应对自己生产的产品负主要责任，对自己生产经营的全过程进行控制，加强出厂检验，提高食品生产经营者的诚实守信水平和自觉守法意识，保证自己的产品符合相关法律法规的要求。

3. 制定符合当地情况的地方性法规

我国国土面积大，不同地区污染情况不尽相同，例如在工业发达的地方土壤污染类型主要是化工污染，而在湖南、广东、广西等地区主要是重金属污染。因此，为能达到最好的土壤污染防治效果，土壤防治政策的制定应该做到因地制宜，要尊重自然规律，科学合法地制定区域土壤污染防治标准和法规。

4. 建立完善的安全监督体系

要建立完善合理的安全监督体系，对食品生产的各个环节进行监督，追根溯源，逐步建立起"从农田到餐桌"的全过程食品安全监管制度。

四、相关法规

"痛痛病"事件的发生暴露了日本环境污染防控体制存在的弊端，日本迅速制定了《农业用地土场污染防治法》，成为最早制定土壤污染防治相关法律法规的国家。之后为了配合该法有效实施，又出台了《农药取缔法》《公害对策基本法》《土壤污染环境标准》《土壤污染物的测定和分析方法》等法律法规，就环境污染防治形成了一个完整的法律体系，并且在土壤污染治理制度方面，日本还借鉴了美国的《超级基金法》，建立了土壤污染治理基金。

我国也对环境污染方面制定了相关的政策体系。1979年，我国推出《中华人民共和国环境保护法（试行）》[1]，制定了环境保护法律体系基本框架。1983年，在第二次全国环境保护会议中，将保护环境定为一项基本国策。2018年1月，公布了《中华人民共和国土壤污染防治法（草案）》[2]，本草案规定了土壤污染防治工作方面的管理体制、责任主体与考察要求等；着重强调了政府、企业和个人在土壤污染防治工作中角色与责任；明确制定了"谁污染谁治理"，责任到个体的原则；提出每十年进行一次土壤污染调查的要求等。

该草案的发布既借鉴了国外先进的土壤污染防治相关法律法规，又符合我国的基本国情，但仍存在缺陷，亟待解决。例如草案中对污染事件责任的确定和处罚仍不明确，对于污染土地的责任主体不明确的没有合理的解决措施。

《中华人民共和国土地管理法》（2019）[8]，为加强我国土地管理，维护土地的社会主义公有制，保护、开发土地资源，合理利用土地，切实保护耕地，促进社会经济的可持续发展，根据宪法，制定本法。本法对我国土地所有权和使用权、土地利用总体规划、耕地保护、建设用地以及对土地使用的监督检查五个部分都进行了详细而又全面的规定，严格规定要切实保护我国耕地、合理利用土地资源。

我国食品安全标准限值的制定非常严格，《食品安全国家标准 食品中污染物限量》（GB 2762—2017）中规定（表1-1）[9]，镉（以 Cd 计）在大米中限量为 0.2mg/kg，这与欧盟的标准一致。而国际食品法典委员会（CAC）规定大米中镉限量标准是 0.4mg/kg[10]。联合国粮农组织及世界卫生组织（FAO/WHO）专家委员会（JECFA）2011 年制定镉的暂定每月摄入量（PTMI）为 $25\mu g/kg$（以体重计），也就是说体重 60kg 的成年人，每月总镉摄入量不超过 $1500\mu g$[11]（每月每千克体重摄入量 $25\mu g$×体重 60kg），便可认为是安全的。

表1-1 GB 2762—2017 食品中镉限量指标（按 GB 5009.15 规定的方法测定）

食品类别（名称）	限量（以 Cd 计）/(mg/kg)
谷物及其制品	
谷物(稻谷①除外)	0.1
谷物碾磨加工品(糙米、大米除外)	0.1
稻谷①、糙米、大米	0.2
蔬菜及其制品	
新鲜蔬菜(叶菜蔬菜、豆类蔬菜、块根和块茎蔬菜、茎类蔬菜、黄花菜除外)	0.05
叶菜蔬菜	0.2
豆类蔬菜、块根和块茎蔬菜、茎类蔬菜(芹菜除外)	0.1
芹菜、黄花菜	0.2
水果及其制品	
新鲜水果	0.05
食用菌及其制品	
新鲜食用菌(香菇和姬松茸除外)	0.2
香菇	0.5
食用菌制品(姬松茸制品除外)	0.5
豆类及其制品	
豆类	0.2

续表

食品类别(名称)	限量(以 Cd 计)/(mg/kg)
坚果及籽类	
花生	0.5
肉及肉制品	
肉类(畜禽内脏除外)	0.1
畜禽肝脏	0.5
畜禽肾脏	1.0
肉制品(肝脏制品、肾脏制品除外)	0.1
肝脏制品	0.5
肾脏制品	1.0
水产动物及其制品	
鲜、冻水产动物	
鱼类	0.1
甲壳类	0.5
双壳类、腹足类、头足类、棘皮类	2.0(去除内脏)
水产制品	
鱼类罐头(凤尾鱼、旗鱼罐头除外)	0.2
凤尾鱼、旗鱼罐头	0.3
其他鱼类制品(凤尾鱼、旗鱼制品除外)	0.1
凤尾鱼、旗鱼制品	0.3
蛋及蛋制品	0.05
调味品	
食用盐	0.5
鱼类调味品	0.1
饮料类	
包装饮用水(矿泉水除外)	0.005mg/L
矿泉水	0.003mg/L

①稻谷以糙米计。

镉属于重金属。"镉大米"属于"生产经营重金属超标的食品"，依据《中华人民共和国食品安全法》(简称《食品安全法》)(2018年12月修正)第一百二十四条第(一)款，生产者将承担相应的法律责任。

《中华人民共和国食品安全法》第一百二十四条 违反本法规定，有下列情形之一，尚不构成犯罪的，由县级以上人民政府食品安全监督管理部门没收违法所得和违法生产经营的食品、食品添加剂，并可以没收用于违法生产经营的工具、设备、原料等物品；违法生产经营的食品、食品添加剂货值金额不足一万元的，并处五万元以上十万元以下罚款；货值金额一万元以上的，并处货值金额十倍以上二十倍以下罚款；情节严重的，吊销许可证：

(一)生产经营致病性微生物，农药残留、兽药残留、生物毒素、重金属等污染

物质以及其他危害人体健康的物质含量超过食品安全标准限量的食品、食品添加剂;

（二）用超过保质期的食品原料、食品添加剂生产食品、食品添加剂，或者经营上述食品、食品添加剂;

（三）生产经营超范围、超限量使用食品添加剂的食品;

（四）生产经营腐败变质、油脂酸败、霉变生虫、污秽不洁、混有异物、掺假掺杂或者感官性状异常的食品、食品添加剂;

（五）生产经营标注虚假生产日期、保质期或者超过保质期的食品、食品添加剂;

（六）生产经营未按规定注册的保健食品、特殊医学用途配方食品、婴幼儿配方乳粉，或者未按注册的产品配方、生产工艺等技术要求组织生产;

（七）以分装方式生产婴幼儿配方乳粉，或者同一企业以同一配方生产不同品牌的婴幼儿配方乳粉;

（八）利用新的食品原料生产食品，或者生产食品添加剂新品种，未通过安全性评估;

（九）食品生产经营者在食品安全监督管理部门责令其召回或者停止经营后，仍拒不召回或者停止经营。

除前款和本法第一百二十三条、第一百二十五条规定的情形外，生产经营不符合法律、法规或者食品安全标准的食品、食品添加剂的，依照前款规定给予处罚。

生产食品相关产品新品种，未通过安全性评估，或者生产不符合食品安全标准的食品相关产品的，由县级以上人民政府食品安全监督管理部门依照第一款规定给予处罚。

五、关联知识

1. 镉及其危害

镉（Cd）是一种对人体有害的重金属，以化合态的形式存在于自然界中，但在低浓度下不会影响人体健康，如大气中镉含量不超过 $0.003\mu g/m^3$，水中镉含量不超过 $10\mu g/L$，土壤中镉含量不超过 $0.5mg/kg$。镉污染环境后，通过食物链的富集作用进入人体，在人体内蓄积到一定浓度时就会引起慢性中毒。首先会使人肾脏受到损害，肾脏是镉中毒的靶器官，可蓄积吸收量的 1/3，在胰、脾、甲状腺等器官也有一定的蓄积，进而镉因其物理、化学性质会代替骨骼中的 Ca^{2+} 与人体内的负离子结合，引起严重的骨质疏松，继而会导致骨软化，严重时会使患者发生自然骨折，最后骨痛至死。镉还有急性中毒、致癌、致畸作用。镉主要通过粪便排出，也有少量从尿液排出。

2. 镉的用途

镉的用途十分广泛。镉能够合成电池，比如镍-镉和银-镉电池。镉能够合成很多的合金，比如镉镍合金，其中镉的含量是 98.65%，镍的含量是 1.25%，它主要是用于飞机的发动机的轴承材料。镉的氧化电位比较高，可以用作铁、钢、铜的保护膜，广泛用于电镀防腐上。镉的化合物还能够制造颜料、荧光粉、塑料稳定剂等。镉的产量及用途在不断增加，据统计，全世界每年向环境中释放的镉达 30000t 左右，其中 80% 以上的镉会进入土壤中。

3. 镉污染来源

（1）工矿污染

工矿污染主要来自矿产行业，冶炼厂排放的工业废物中含有镉，即便冶炼厂距离农田较远，但排放的废弃物扩散到大气层中会随降雨到达农田中。

（2）大气沉降

大气沉降是土壤中重金属超标的主要因素之一，也是严重威胁农业生态系统的重要原因之一。车辆尾气排放、化石燃料燃烧过后会产生大量含镉的有害气体和粉尘，通过进入空气循环，随着雨水的夹带和本身重力的沉降而进入土壤。这些随着大气沉降的污染物会附着在土壤表面或者随着雨水进入土壤。

（3）农业污染

农药、化肥、地膜等农业生产中农业用品的不合理施用，也有可能导致农田重金属超标。其中有些农药成分中含有汞、镉等重金属，农户缺乏合理施药的科学指导，滥用化肥和农药，会造成农产品表面产生农药残留，也会使土壤重金属超标。近年来，随着农业技术的进步设施农业开始了大面积使用，大量的塑料地膜残片会留在土地中，造成土壤的塑料污染。同时由于地膜生产过程中加入了含有镉、铅的热稳定剂，随着塑料的降解，这些有害的金属元素残留在土壤里也加重了土壤重金属污染。而对于含磷的复合化肥，目前生产的磷肥在技术上无法将镉提炼出来，因此，镉也会伴随着磷肥的使用进入土壤，通过食物链的富集进入到人身体里面。在日常生活中，随意丢弃、填埋生活垃圾也会造成废弃物的污染。最后，许多城市都会进行城市污水回收从而达到水的重复利用的目的，但也存在处理不合格的工业废水，以及城市污水参与农业灌溉过程中的问题，导致灌溉地区的重金属超标。

（4）环境累积

环境中的重金属累积是造成此次重金属镉污染事件的另一个主要原因，其中水域环境中淤泥重金属累积是主要的累积原因。当河水环境发生变化，尤其是发生洪水时，河底沉积的淤泥会重新溶解或悬浮进入水体，并夹带着重金属粒子进入到周边灌溉区域。

4. 镉中毒如何预防

① 针对问题产品的区域分布特性进行管理。为预防镉中毒，熔炼、使用

镉及其化合物的场所，应具有良好的通风和密闭装置。焊接和电镀工艺除应有必要的排风设备外，操作时应戴个人防毒面具。不应在生产场所进食和吸烟。中国规定的生产场所氧化镉最高容许浓度为 $0.1mg/m^3$。

② 镉器皿不能存放食品，特别是醋类等食品。

③ 必须从源头进行控制，一定要守住我们生态环境的"金山银山"，对已污染的土壤和水体进行及时修复，推进土壤防治的实施，严格执行镉的环境卫生标准。比如：使用含镉电池后应集中回收，不要随便丢弃，以免造成污染；坚持环境监测，严格控制"三废"排放，不用工业污泥、污水灌溉农田，或先对其做相应处理，减少其中的重金属和有害物质。

④ 加强对大米生产企业的监管。督促相关生产企业严格按相关国家标准、行业标准和《大米食品生产许可证审查细则》等的要求组织生产，确保原料与成品贮存、加工过程中半成品应无交叉污染，满足工艺卫生要求。

◆ 参考文献 ◆

[1] 莫若斌，曲伯华. 1931年日本发生富山"痛痛病"事件 [J]. 环境导报，2003，16：20.

[2] 王倩，杨丽阁，牛韧，等. 从环境公害解决方案到重金属污染对策制度建立——日本"痛痛病"事件启示 [J]. 环境保护，2013，41 (21)：71-72.

[3] 贾闻婧，柯衄，胡红刚，等. 基于日本"痛痛病"的环境反思 [J]. 绿色科技，2014，7：224-225.

[4] 成希. 湖南问题大米流向广东餐桌 [N]. 南方日报，2013-02-27. http：//epaper.southcn.com/nfdaily/html/2013-02/27/content_7168346.htm.

[5] 晏磊，成希. 120批次"镉大米"现形. 南方日报社 [N]，2013-05-24. http：//epaper.southcn.com/nfdaily/html/2013-05/24/content_7193018.htm.

[6] 曾艺坤，练彬斌，刘炜，等. 湖南镉大米事件的分析 [J]. 中外食品工业，2015，06：59.

[7] 纪新宇. 舆情观察 镉大米：沉默是最大的负面舆情 [EB/OL]. 人民网，2013-05-29. http：//yuqing.people.com.cn/n/2013/0529/c210117-21658671.html.

[8] 中华人民共和国土地管理法.

[9] 中华人民共和国国家卫生和计划生育委员会，国家食品药品监督管理总局. 食品安全国家标准 食品中污染物限量：GB 2762-2017 [S].

[10] 杨卫敏，徐广超，季澜洋，等. CAC、欧盟、美国与中国粮食中重金属限量标准差异 [J]. 食品科学技术学报，2019，37 (1)：16-19.

[11] 曾艳艺，赖子尼，许玉艳. JECFA对食品中镉的风险评估研究进展 [J]. 中国渔业质量与标准，2013，3 (2)：11-17.

（本案例由周艳、刘悦编写）

火鸡X病事件

一、事件描述

1960 年夏天，在英国伦敦郊区的火鸡养殖场出现一件怪事，10 多万只火鸡还有少量鸭子和雏鸟莫名其妙地出现食欲不振、羽翼下垂的现象，并且在两三个月后相继死亡[1]。经解剖，这些死亡的火鸡肝脏有弥漫性充血、坏死、胆管增生和肝出血等症状。由于病因不明，这次事件被称为"火鸡 X 病"。

二、原因分析

"火鸡 X 病"导致了极为严重的经济损失，为了彻底查清这种疾病产生的原因，科学家们立刻投入到紧张的研究工作中。很快，科学家就找到了罪魁祸首——从巴西进口的花生饼粕饲料。在当时的英国，火鸡养殖场大多从巴西进口经榨油后剩下的花生饼粕残渣，因其营养成分丰富而被用于饲料喂食火鸡。但是，这一批花生饼粕由于受到黄曲霉菌的污染而发霉变质，更为严重的是黄曲霉菌合成黄曲霉毒素（aflatoxin，AF）聚集在花生粕饲料中。10 多万只火鸡正是因为吃了这些发霉的花生饼粕饲料而死亡。受限于当时的通讯和管理制度，已经无从查起这批花生饼粕饲料是如何被黄曲霉菌污染并产生黄曲霉毒素的。但是，在花生饼粕的加工、储藏、运输和喂食的各个环节，只要有满足黄曲霉菌生长和产毒的环境要素，污染在所难免。从此事件之后，黄曲霉毒素得到了各国高度重视以及科学家的特别关注，在环境毒素和致癌物的研究中占有一席之地。

"火鸡 X 病"发生后，科学家在花生培养基上接种黄曲霉菌（*Aspergillus flavus*）并用培养基提取物喂食大鼠和鸭子，发现黄曲霉毒素能诱发动物发生大规模的肝损伤，从而证实了黄曲霉毒素毒性的存在。此后不久，有研究人员从受霉菌污染的培养基中分离出与黄曲霉毒素 B_1 和黄曲霉毒素 G_1 具有相同理化性质的纯化物。在 1963 年，科学家通过全合成技术阐明了黄曲霉毒素 B_1 的结构。由此，黄曲霉毒素的面纱渐渐被揭开。

黄曲霉毒素是由食源性真菌——黄曲霉和寄生曲霉（*Aspergillus parasiticus*）等某些菌株产生的次生代谢产物，多发于湿热环境中的食品和饲料。目前已发现的黄曲霉毒素有 20 多种，根据它们在荧光照射下颜色的不同分为 B 族和 G 族两大类及其衍生物。农产品中常见的黄曲霉毒素有 AFB_1、AFB_2、AFG_1 和 AFG_2。B 表示蓝色，这类黄曲霉毒素在紫外线的照射下会发出蓝色荧光；G 表示绿色，这类黄曲霉毒素在紫外线照射下会发出黄绿色荧光。奶牛摄入黄曲霉毒素后，在奶牛体内 AFB_1 和 AFB_2 会转化为黄曲霉毒素 AFM_1 和 AFM_2 并进入牛奶中，成为牛奶中黄曲霉毒素的主要来源。黄曲霉毒素能导致人类和动物出现一系列急性和慢性疾病，其中 AFB_1 是黄曲霉毒素中毒性和致癌性最强的一种，其毒性是砒霜的 68 倍，致癌力是苯并芘的 4000 倍。AFB_1 是一种强效的肝脏致癌物，当人食入它后，可通过血液循环进入到组织和器官中，其中伤害最大的就是肝脏。1993 年，世界卫生组织（WHO）下属的癌症研究机构将黄曲霉毒素列为 1 类致癌物，表明有较充分的研究证据支持其对人体具有致癌性[2,3]。

三、事件启示

1. 防霉不当可能造成食品、食品原料及饲料的黄曲霉毒素污染

在本案例中虽然花生饼粕饲料发霉的原因已无法追溯，但很有可能出现在田间、采收、储藏、加工和运输的各个环节。比如农作物在收获时遇高温高湿、未及时晒干或储存不当，容易被黄曲霉或寄生曲霉污染而产生黄曲霉毒素。因此，应积极加强防霉措施，尽量降低黄曲霉毒素侵染农产品的风险。

2. 加强对黄曲霉毒素的监测

黄曲霉毒素毒性高，且特别容易污染花生、玉米、稻米、大豆、小麦等粮油产品，极易被人类和动物食用，引发严重的健康问题。因此，应对饲料、食品原料和食品中的黄曲霉毒素进行监测，对于超过国家标准的原料进行销毁，以防黄曲霉毒素进入食物链引发更大的风险。

3. 加强食品安全科普宣传

目前，虽然在不发达地区仍存在因黄曲霉毒素污染导致的食品安全问题，但是世界范围内发生大规模的黄曲霉毒素污染问题已基本杜绝。科学界对黄曲

霉毒素的不断探索为防霉控霉提供了理论依据，同时食品安全知识的科普宣传也提高了人们对黄曲霉毒素污染的认识和警惕性。比如，通过科普宣传让人们知道饲料、粮食和食物正确的防霉储藏方法，一经发霉变质应立刻丢弃，不得食用。

这些都容易被黄曲霉毒素污染哦

四、适用法规

在中国，根据食品安全国家标准（GB 2761—2017）对食品中真菌毒素限量的规定，食品中黄曲霉毒素 B_1 和黄曲霉毒素 M_1 在各类食品原料中的限量指标如表 2-1 和表 2-2 所示[4-6]。

表 2-1 食品中黄曲霉毒素 B_1 限量指标（按 GB 5009.22 规定的方法测定）

食品类别（名称）	限量/（μg/kg）
谷物及其制品	
玉米、玉米面(渣、片)及玉米制品	20
稻谷[1]、糙米、大米	10
小麦、大麦、其他谷物	5.0
小麦粉、麦片、其他去壳谷物	5.0
豆类及其制品	
发酵豆制品	5.0
坚果及籽类	
花生及其制品	20
其他熟制坚果及籽类	5.0
油脂及其制品	
植物油脂(花生油、玉米油除外)	10
花生油、玉米油	20
调味品	
酱油、醋、酿造酱	5.0
特殊膳食用食品	
婴幼儿配方食品	
婴儿配方食品[2]	0.5(以粉状产品计)
较大婴儿和幼儿配方食品[2]	0.5(以粉状产品计)
特殊医学用途婴儿配方食品	0.5(以粉状产品计)
婴幼儿辅助食品	
婴幼儿谷类辅助食品	0.5
特殊医学用途配方食品[2](特殊医学用途婴儿配方食品涉及的品种除外)	0.5(以固态产品计)
辅食营养补充品[3]	0.5
运动营养食品[2]	0.5
孕妇及乳母营养补充食品[3]	0.5

续表

食品类别（名称）	限量/（μg/kg）
① 稻谷以糙米计。 ② 以大豆及大豆蛋白制品为主要原料的产品。 ③ 只限于含谷类、坚果和豆类的产品。	

表 2-2　食品中黄曲霉毒素 M₁ 限量指标（按 GB 5009.24 规定的方法测定）

食品类别（名称）	限量/（μg/kg）
乳及乳制品①	0.5
特殊膳食用食品	
婴幼儿配方食品	
婴儿配方食品②	0.5（以粉状产品计）
较大婴儿和幼儿配方食品②	0.5（以粉状产品计）
特殊医学用途婴儿配方食品	0.5（以粉状产品计）
特殊医学用途配方食品②（特殊医学用途婴儿配方食品涉及的品种除外）	0.5（以固态产品计）
辅食营养补充品③	0.5
运动营养食品②	0.5
孕妇及乳母营养补充食品③	0.5
① 乳粉按生乳折算。 ② 以乳类及乳蛋白制品为主要原料的产品。 ③ 只限于含乳类的产品。	

　　若食品生产加工企业的产品中检出黄曲霉毒素超过国家标准，就属于生产经营致病性生物毒素含量超过食品安全标准限量的食品。依据《中华人民共和国食品安全法》（2018 年修正版）第一百二十四条规定："违反本法规定，有下列情形之一，尚不构成犯罪的，由县级以上人民政府食品安全监督管理部门没收违法所得和违法生产经营的食品、食品添加剂，并可以没收用于违法生产经营的工具、设备、原料等物品；违法生产经营的食品、食品添加剂货值金额不足一万元的，并处五万元以上十万元以下罚款；货值金额一万元以上的，并处货值金额十倍以上二十倍以下罚款；情节严重的，吊销许可证：（一）生产经营致病性微生物、农药残留、兽药残留、生物毒素、重金属等污染物质以及其他危害人体健康的物质含量超过食品安全标准限量的食品、食品添加剂；……"

五、关联知识

1. 什么是黄曲霉菌？

　　黄曲霉菌属真菌门，半知菌亚门，丛梗孢科，曲霉属，是一种分布广泛的常见腐生霉菌，其中 30%～60% 的菌株能合成黄曲霉毒素。黄曲霉的生长温度范围为 4～50℃（最适温度范围为 25～40℃）。黄曲霉合成黄曲霉毒素的温度范围为 5～45℃（最适温度范围为 20～30℃）。

2. 黄曲霉菌产生黄曲霉毒素需要的条件是什么？

适宜的温度、湿度和空气是黄曲霉菌产毒素的必要条件。研究者发现在 24～28℃，pH 为 5.0，水分活度不低于 80% 的条件下，黄曲霉菌产毒量最高。因此，南方以及温湿地区在春夏季容易发生黄曲霉毒素污染。

3. 黄曲霉毒素中毒的表现特征

黄曲霉毒素慢性中毒会出现食欲不振、精神萎靡、皮肤粗糙、四肢无力、结膜苍白，有腹泻和呕吐的现象，后期表现为嗜睡，后肢不能站立并伴有抽搐。

黄曲霉毒素急性中毒多发于畜禽中。如病猪出现不食、精神不振和步态不稳，有的可能呆立不动，有的兴奋不安，发生神经症状。

4. 黄曲霉毒素污染的预防

防霉的关键在于破坏霉变的条件，重点是控制好温度和湿度。粮食收获后及时通风和晾晒以降低其水分含量。控制谷物、玉米和花生的水分含量分别在 13%、12.5% 和 8% 以下进行储藏，就可以达到很好的防霉效果。对于已被黄曲霉毒素污染的谷物，则需要将霉粒或霉团剔除，或通过漂洗或氨气处理等方法去除黄曲霉毒素。但需要注意的是，对黄曲霉毒素含量过高的谷物应及时销毁，避免交叉污染。

◆ 参考文献 ◆

[1] 黄亚琼，方婉君，揭秘黄曲霉之毒 [J]. 家庭保健，2010（7）：4-5.

[2] 张福林. 浅谈黄曲霉毒素的危害与防控 [J]. 中国畜牧兽医文摘，2012，2807：104.

[3] Wu F, Groopman J D, Pestka J J. Public health impacts of foodborne mycotoxins [J]. Annual Review of Food Science and Technology，2014，5（1）：351-372.

[4] 中华人民共和国国家卫生和计划生育委员会，国家食品药品监督管理总局. 食品安全国家标准 食品中真菌毒素限量：GB 2761—2017 [S].

[5] 中华人民共和国国家卫生和计划生育委员会，国家食品药品监督管理总局. 食品安全国家标准 食品中黄曲霉毒素 B 族和 G 族的测定：GB 5009.22—2016 [S].

[6] 中华人民共和国国家卫生和计划生育委员会，国家食品药品监督管理总局. 食品安全国家标准 食品中黄曲霉毒素 M 族的测定：GB5009.24—2016 [S].

（本案例由万婧编写）

案例 3

毒鸡蛋事件

一、事件描述

2010 年 5 月起，美国多个州爆发沙门菌疫情，引发 1813 例沙门菌感染病例。美国卫生和公众服务部（简称美国卫生部）进一步调查发现，感染源头为艾奥瓦州"怀特县鸡蛋"公司出产的鸡蛋。因此，美国食品药品监督管理局（FDA）在 2010 年 8 月中旬宣布召回从 5 月中旬起销售的 2.28 亿枚鸡蛋，18 日又追加召回 1.52 亿枚，装鸡蛋的纸盒和搬运工具也在召回之列。随后沙门菌污染鸡蛋事件再度扩大，美国又有一家农场生产的鸡蛋发现被污染。8 月 20 日，美国艾奥瓦州的希兰代尔农场宣布，自愿回收 1.7 亿枚可能受到沙门菌污染的鸡蛋。至此，美国宣布召回鸡蛋数量达 5.5 亿枚[1-3]。

由于这些鸡蛋受到沙门菌污染，因此称之为"毒鸡蛋"，这就是发生在 2010 年的美国"毒鸡蛋"事件。我国与美国没有进行鸡蛋进出口贸易，因此，此次美国"毒鸡蛋"没有流入我国。

二、原因分析

美国当局详细调查了病因，调查中发现有的餐厅用生鸡蛋制作沙拉，或向餐汤里打入了生鸡蛋，是人感染沙门菌的主要途径。这次爆发的沙门菌病主要由肠道沙门菌污染鸡蛋引起，鸡蛋未完全煮熟是常见致病原因。调查人员从艾奥瓦州两家农场 24 个可能的污染源中搜集了约 600 个样品，其中包括鸡饲料在内的 6 个样品的沙门菌检测结果呈阳性。沙门菌可能来自污染的鸡饲料或"侵入"鸡群的啮齿动物粪便，但也有可能还存在其他污染源。

美国所有超市的鸡蛋都是盒装出售，并且鸡蛋产地和供应商等信息都会印在包装上，具有很强的溯源系统，但是为什么还会出现如此大规模爆发的这种因食物污染而引起疾病的事件呢？

第一，产蛋太"集中"。当时，95%的美国鸡蛋生产集中在大约200家公司手中，而在1987年，全美有大约2500家农场从事鸡蛋生产。当鸡蛋生产集中在少数大商家手中时，则会存在大规模爆发的安全风险。从前，人们的食物供应以一家一户为主，因此，以前因食物被致病菌污染后而导致生病的也只有在一起吃饭的少数人。而随着科学技术的发展，食物常常是集中加工、包装、供应，甚至大量出口到其他国家；一些学校、企业等单位，甚至整个地区或国家的食品由相对较少的几个大公司集中供应。如果其中某一种食品被污染，就可能造成大规模的疾病爆发流行。

第二，监管不力。FDA被授予的传统职能更多的是在疫情发生后采取措施应对，而没有足够的权力对食品进行监测以设法阻止疫情的发生。此次波及全美国的沙门菌疫情是由于艾奥瓦州两家食品公司生产的鸡蛋被污染，但FDA没有足够的权力去对市场销售的鸡蛋进行监测，未能及时阻止疫情的蔓延。根据当时的法律，FDA有权对食品厂家的设备进行监测，但无权对农场生产的食品进行监测。

因此，此次召回事件发生后，FDA呼吁国会通过了《FDA食品安全修正法案》，要求扩大FDA在召回受污染食品和追踪源头方面的权力。同时，FDA很快制定出了一项针对大型鸡蛋生产商的新食品安全规则，以避免更多受污染的鸡蛋流入市场。新规则要求拥有5万及以上产蛋鸡的生产商，必须在生产、储存和运输等环节采取预防措施。比如，对鸡蛋进行巴氏灭菌处理，并在储存和运输过程中采取冷藏措施。同样，运输或持有有壳鸡蛋者也必须遵守新规则中的冷藏要求。另外，该规则要求拥有3万～5万只产蛋鸡的生产商，如未对有壳鸡蛋进行例如巴氏灭菌之类的处理，必须遵守以下规定：①只能从监测沙门菌的供应商处购买雏鸡和小母鸡；②建立有害生物控制和生物安全的措施，以防止细菌通过人员和设备在整个农场中传播；③在禽舍中实行肠炎沙门菌检测，如果检测中发现肠炎沙门菌，必须在8周内测试典型的鸡蛋样本（每隔2周检测一次，共检测4次），若4次的检测结果中有任何一次为阳性，生产者必须采取进一步措施对鸡蛋进行灭菌，或将鸡蛋移至非食用范畴；④对被检出阳性肠炎沙门菌的禽舍进行清洁和消毒；⑤产卵后36h内，鸡蛋须在冷藏状态下贮存和运输。

另外，针对此次事件，美国一些专家提出，美国应效仿英国的做法，为蛋鸡注射沙门菌疫苗，降低感染这种细菌的风险，但食品监管部门希望制定出一项更加全面的食品安全保障方案，所以提出不强制推行疫苗，但鼓励商家自愿使用。

由此可见，美国此次发生的鸡蛋召回事件，促使 FDA 逐渐完善对鸡蛋产业的安全监控。

三、事件启示

1. 食品安全监督管理部门

食品安全监督管理部门应加强对我国鸡蛋行业的监管。对食品安全的要求应贯穿从农场到餐桌的每个环节，对家禽养殖、鸡蛋生产销售、禽肉类加工的各个步骤都实施严格的检验标准；对市场供应鸡蛋的来源和供应商建立追溯系统；建立鲜鸡蛋中沙门菌等有毒有害物质的限量标准；建立沙门菌污染导致食品安全问题的预警机制。

2. 食品生产经营单位

蛋及蛋制品食品生产企业应建立相应的企业标准，加强对鸡、饲料、鸡蛋供应商的控制，加强对加工场所、设施设备以及操作人员的卫生管理，严格按照加工操作规程制作食品。对生产、加工、物流和销售等各个环节进行有效的诊断，确保食品安全。

3. 消费者个人

选购新鲜鸡蛋，最好是冷藏且信息齐全的鸡蛋，确保鸡蛋是干净且无裂痕的；在家庭加工鸡蛋或者含鸡蛋的食品时，烹饪前最好用清水冲洗鸡蛋外壳；鸡蛋一定要完全煮熟之后再食用，不吃生鸡蛋；同生鸡蛋接触后，用肥皂水洗手并清洗厨房用具；将鸡蛋放于冰箱冷藏保存。

4. 相似案例

（1）2018 年 8 月至 11 月美国 25 个州部分患者因食用了美国最大鲜牛肉加工商 JBS USA 的产品，集体爆发沙门菌感染症，致 246 人致病。JBS USA 在 10 月 4 日宣布召回可能感染沙门菌的 690 万磅（约 3129.8t）生牛肉。12 月 4 日，美国农业部食品安全检验局（FSIS）发布一级召回令：JBS USA 所需召回的生牛肉扩大至 1200 多万磅（约 5485.4t）。这是美国历史上最大的一起沙门菌牛肉召回事件，也是近 10 年来美国规模最大的生牛肉召回事件[4]。

（2）2019 年 1 月 23 日，法国乳企 Sodilac 旗下的奶粉品牌 Modilac（茉蒂雅克）生产的奶粉疑似被沙门菌污染，该企业发起了大规模的产品召回，一共涉及多达 18 款产品，共计 40 万桶，召回规模之大可以说是史无前例[5]。

四、相关法规

2013 年，我国颁布实施 GB 29921—2013《食品安全国家标准　食品中致病菌限量》食品安全国家标准，其中要求肉制品、水产制品、即食蛋制品、粮食制品、即食豆类制品、巧克力类及可可制品、即食果蔬制品（含酱腌菜类）、饮料（包装饮用水、碳酸饮料除外）、冷冻饮品、即食调味品及坚果籽实制品等食品中不得检出沙门菌。

虽然我国出台了 GB 2749—2015《食品安全国家标准　蛋与蛋制品》食品安全国家标准，代替 GB 2748—2003《鲜蛋卫生标准》和 GB 2749—2003《蛋制品卫生标准》。但是，目前我国仍然没有鲜蛋的微生物指标判定标准及检测手段。

五、关联知识

1. 什么是沙门菌？

沙门菌属于肠道病原菌，是最常见的食源性致病菌。1885 年沙门等在霍乱流行时分离到猪霍乱沙门菌，故定名为沙门菌属。沙门菌属是一大群在血清学上相关的革兰氏阴性（G^-）短杆菌，无芽孢、无荚膜，周生鞭毛能运动，需氧或兼性厌氧，最适生长温度为 35～37℃，pH 值为 7～7.4。现已发现有 2324 个沙门菌"家庭成员"，我国发现有 200 多个。

沙门菌属有的专对人类致病，有的只对动物致病，也有的对人和动物都致病。沙门菌病是指由各种类型沙门菌所引起的对人类、家畜以及野生禽兽不同形式的疾病的总称。感染沙门菌的人或带菌者的粪便污染食品，可导致人食物中毒。其中鼠伤寒沙门菌、猪霍乱沙门菌、肠炎沙门菌等最容易引起人类食物中毒。而且，这些细菌在外界环境中的生命力很强，如在水中可生活 2～3 周，在粪便中可存活 1～2 个月，在冰雪中可存活 3～6 个月，在牛乳及肉类食品中能生存几个月，最适合的繁殖温度是 37℃左右，因此常常在夏季导致人类食物中毒。据统计，在全球的细菌性食物中毒中，沙门菌引起的食物中毒常列榜首，我国各地区也以沙门菌为首位。但是，沙门菌对热、消毒药的抵抗力不强，60℃，15～20min 即可死亡。

2. 哪些食物容易遭受沙门菌的感染？

英国科学家巴罗在 1989 年指出："家禽是人类食物中毒性沙门菌病的重要传染源。"许多动物都可以感染或携带可引起人类疾病的沙门菌，尤其是鸡。鸡不仅经常受到沙门菌感染，而且许多可以引起人类疾病的沙门菌常常在鸡肠道内"定居"。另外，鸡蛋的外壳容易粘有鸡粪，在鸡蛋加工过程中，尤其是半熟状态的鸡蛋，就有可能被鸡粪中的沙门菌污染。

除了鸡蛋以及禽肉以外，沙门菌也经常污染未煮透的肉类食品、水产品、牛奶、羊奶，豆制品和糕点，甚至蔬菜，引起人类食物中毒。

3. 沙门菌食物中毒的原因及症状

大多数的沙门菌食物中毒是活沙门菌对肠黏膜的侵袭导致全身性的感染型中毒。当沙门菌进入消化道后，可在小肠和结肠内繁殖，引起组织感染；同时，它们还可经肠黏膜进入血液循环，引起菌血症和全身感染。某些沙门菌在繁殖过程中还可以产生一种肠毒素或者由菌体细胞裂解释放出菌体的内毒素，使肠黏膜细胞中毒。所以，沙门菌病的主要表现是腹泻和发热。人们吃了被沙门菌污染的食物后，常常在 12～36 个小时内出现症状，主要表现为急性肠胃炎症状。发病初期表现为寒战、头痛、恶心、食欲不振等，后面出现呕吐、腹泻、腹痛甚至发热（一般在 38～39℃，严重者可出现 40℃ 以上的高热）等症状，严重的会出现痉挛（抽搐）、昏迷等症状。病程一般为 3～7 天，愈后良好。但婴儿、老年人和免疫功能低下的患者则可能因沙门菌进入血液而出现严重且危及生命的菌血症，少数还会出现脑膜炎或骨髓炎等症状，如不及时救治可能导致死亡。

4. 如何辨认鸡蛋是否感染沙门菌？

网上有传言说，"带斑"蛋是被沙门菌感染的鸡蛋，其实鸡蛋蛋壳上长斑与是否遭受沙门菌感染无直接关系。有些鸡蛋上长斑是蛋壳上钙元素和色素分布不均匀导致的或者由高温高湿的环境造成，与沙门菌没有关系；有些鸡蛋长斑是由于环境差、贮存时间长，遭受到微生物的侵染发生腐败变质，形成黑色的斑点，这种时候不仅鸡蛋壳有黑斑，鸡蛋内部常常也已经坏了，就是常说的"臭鸡蛋"或者"坏蛋"。这类鸡蛋很容易识别，不论有没有感染沙门菌，都不能食用，发现之后应该尽快销毁。

事实上，受沙门菌感染的鸡蛋是没有任何直观特征的，光靠肉眼观察鸡蛋外观是无法辨别的。我们能做的最好的方法就是尽可能选购新鲜的鸡蛋，科学合理储存，在保质期内食用。

5. 吃"溏心鸡蛋"安全吗？

"溏心鸡蛋"是指蛋黄没有熟透，呈流质的煮鸡蛋。由于其口感较好而备受年轻人的喜爱，但是吃"溏心鸡蛋"安全吗？

根据《餐饮服务食品安全操作规范》规定需要烧熟煮透的食品，要求其中心温度应该加热到 70℃。蛋清与蛋黄由于蛋白质组成的不同，在受热的时候，蛋清要比蛋黄先凝固，当烹饪温度达到 70℃，蛋黄才能缓慢凝固，同时这个温度能够把沙门菌杀灭。因此，如果想要保持一定的口感，又想吃得安全放心，最好的方法是将鸡蛋烹饪至蛋黄刚刚凝固的状态。

思考问题：生活中如何预防沙门菌感染？

参考文献

[1] 锄禾. 美国"问题鸡蛋"召回事件全观察及启示 [J]. 中国禽业导刊, 2010 (17): 39-41.

[2] 乌元春. 美国召回 3.8 亿枚问题鸡蛋 [N/OL]. 环球时报, 2010-08-20 [2021-04-06]. https://world.huanqiu.com/article/9CaKrnJojXr.

[3] 徐启生. 美国召回"问题鸡蛋" [N/OL]. 光明日报, 2010-08-25 [2021-04-06]. https://www.gmw.cn/01gmrb/2010-08/25/content_1226590.htm.

[4] 徐乾昂. 10年来最严重 因沙门氏菌美国召回 5485 吨生牛肉 [EB/OL]. 观察者网, 2018-12-05 [2021-04-06]. https://www.guancha.cn/internation/2018_12_05_482217.shtml.

[5] 黄鑫. 法国召回 40 万罐问题婴儿奶粉 意卫生部发布警示 [EB/OL]. 中国新闻网, 2019-01-30 [2021-04-06]. https://www.chinanews.com/gj/2019/01-30/8742924.shtml.

（本案例由刘晓珍编写）

案例 4

瘦肉精事件

一、事件描述

某市在 2001 年 11 月 7 日，多人因有全身乏力、四肢颤抖、恶心、心跳加快等中毒症状来到市区各医院进行就诊[1]，11 月 8 日凌晨，到医院累计就诊的人数已达 2000 余人，其中确诊中毒需要留院进一步观察治疗的患者达到 484 人[2]。短时间内聚集性爆发且形成一定的高发期，经过及时治疗没有造成严重后果，患者均康复出院。通过流行病学调查发现，所有患者均食用了猪肉，检测机构发现所食猪肉含有非法添加剂"瘦肉精"，从而发生了消费者食物中毒现象。当地政府部门针对此事件召开紧急会议，开展调查工作。2001年 11 月 8 日下午，当地政府有关部门及河源市肉联厂分头调查此事件，当晚下发了针对此事件的紧急通知，要求三天内在该市区范围内严禁销售、食用猪肉[3]。据人民网地方联报网 2001 年 11 月 12 日报道，广东省检疫部门证实引起此次食物中毒的猪肉来源于当地的生猪养殖场，对饲养过程中喂养了含有"瘦肉精"饲料的养殖场进行了查封处理，并对已查实的相关养猪场的 118 头毒猪集中统一销毁，并决定在全市范围内展开调查，对毒猪有一头销毁一头，一查到底，决不遗留隐患[4-7]。

二、原因分析

1. 什么是瘦肉精?

瘦肉精是一类 β-2-肾上腺素受体激动剂的统称，可通过影响生猪的生长代谢，提高胴体瘦肉率，主要包括盐酸克仑特罗（又名克喘素、氨哮素、氨必妥、氨双氯喘通）、莱克多巴胺、沙丁胺醇等肾上腺类神经兴奋剂药物[8]。通常我们所说的"瘦肉精",指的是盐酸克仑特罗（clenbuterol hydrochloride），曾经在临床上用作支气管扩张剂治疗肺部疾病，摄入量较大时对心脏和神经系统产生刺激作用[9]，其化学名称为羟甲叔丁肾上腺素。物理状态为白色的结晶性粉末、无臭味、味微苦，易溶于水且易溶于乙醇等有机溶剂。化学性质稳定，极易被人体吸收，但加热到172℃时才会慢慢分解，因此一般烹饪方法无法破坏它[10]。

盐酸克仑特罗化学结构式

"瘦肉精"通常可以用于治疗动物平喘，若人为地将"瘦肉精"加入到饲料里面去，可以达到促使动物生长，减少脂肪的增长效果。在生猪饲料中添加一定量的瘦肉精，能够提高饲料的转化率，从而提高猪的瘦肉率，加快猪的生长速度。若生猪长期食用含有瘦肉精的饲料后，其可在猪体组织内形成残留，尤其是积聚在猪的肝脏等内脏器官中，长期食用或大量食用含有瘦肉精残留的猪肉将会危害人体健康，并引起人体一系列的健康问题[11]。

目前，根据我国农业农村部的相关规定，严禁使用的"瘦肉精"品种共计16种。在众多β-肾上腺受体激动剂类化合物中，盐酸克仑特罗因药效显著、价格低，成为在畜禽养殖业中最为普遍非法使用的添加剂。在利益的驱使下，虽然国家早已明令禁止在饲料中加入"瘦肉精"等非法添加剂，同时也建立了相关的管理制度，但非法使用"瘦肉精"事件仍时有发生（如2011年双汇瘦肉精事件）[12]。

2. 瘦肉精的作用机理

以盐酸克仑特罗为例，与β-肾上腺素受体结合后形成复合物激活G5蛋白，G5蛋白的α亚基随后激活腺苷酸环化酶，由该酶产生的环腺苷酸（cAMP）是一种重要的胞内信使分子。环腺苷酸产生效应的过程：通过结合到蛋白激酶k的调节亚基，以释放其催化亚基，磷酸化一系列的胞内蛋白，其中的部分蛋白质是酶，在被磷酸化时激活，环腺苷酸应答元件结合蛋白（CREB）被蛋白激酶A磷酸化，结合到一个基因调控部位的cAMP应答元件上，并激活该基因的转录，磷酸化增强了CREB的转录活性，这也是在哺乳动物细胞中，β-肾上腺受体激动剂介导的很多基因转录的机制，其他一些酶的活性在磷酸化时受到抑制[13]。

3. 瘦肉精对人体的危害

"瘦肉精"对机体产生的危害，主要有以下2个方面[11,13]。

① 中毒，症状为心慌、肌肉颤动、手抖甚至不能站立，烦躁、头晕、恶心、无力。患有高血压、冠心病等疾病患者上述症状更易发生且对人体产生危害甚至导致死亡。

② 长期食用"瘦肉精"会导致染色体数目和结构发生变化，诱发恶性肿瘤。与糖皮质激素合用可引起低血钾，从而导致心律失常，严重的可导致猝死。人类若长期食用在富集作用下可通过母系传给子系后代[14]。

4. 导致瘦肉精中毒事件发生的原因

分析瘦肉精中毒事件频发的原因，具体表现如下[15]。

（1）对畜产品监管不力

政府及相关监管部门对畜产品安全监管力度亟待提高，并制定相关管理体系，市场监督部门在畜禽产品销售前、销售时及销售后都应完善相应的管理条例。

（2）检疫过程不严格

在养殖过程中检验不严格，在屠宰过程、宰后等检疫环节没有对瘦肉精进行相关检查，使得"瘦肉精"猪肉流入市场。

（3）溯源系统不完善

根据相关规定在生猪免疫开始就应该佩戴相应的耳标，作为猪的生长识别标识，通过该标识可识别其品种、来源、生产性能、免疫状况、健康状况、畜主等信息，一并管理起来，一旦发生疫情和畜产品质量等问题，即可追踪。但在实际养殖过程中，耳标在生猪养殖过程、运输过程及屠宰过程中因为某些原因往往会丢失而造成无法溯源。

（4）兽药监管不力

2000年4月，农业部和国家医药监督管理局联合发出紧急通知，严禁生产、经营和销售盐酸克仑特罗，一旦发现将严惩。但由于存在一些原因难以彻底执行：①虽然国家明确禁止非法添加兽药标准之外其他组分以及不规范用药，但市场上仍可通过一些非法渠道购买到违禁药品；②虽然各地区已加大对畜禽产业的监管力度，但是小型养殖场仍存在超剂量超范围用药、违规用药等滥用药物的行为；③兽药监管需要各部门的联合治理，但是偏远地区存在无法协调办案、监管执法力度较低等问题；④饲料、兽药的管理存在一定的漏洞，生产及经销单位无法覆盖追踪溯源。

（5）技术力量薄弱

基层兽药检测人员普遍专业知识水平较低，缺乏专业的素质，不具备专业的采样及检测能力，如不会熟练正确使用气相质谱-色谱联用技术、免疫色谱技术及传感检测技术等。

（6）抽检率低

一批生猪少则数十头多则数百头，来源于众多养殖户或者饲养场，抽检难以涵盖所有养殖户，抽检率低，一旦发生中毒事件，难以进行安全追溯。

（7）资金投入有限

就目前情况来看，"瘦肉精"监测在大城市的覆盖水平高，但在经济不发达地区一方面缺乏资金的支持，另一方面又缺乏专业的技术人员，因此检测情况并不乐观。

（8）养殖中存在的问题

① 畜禽养殖规模不断扩大，但标准化程度不高，小型养殖场及家庭式养殖未注重专业畜禽技术人员的重要性，一般都根据积累的经验使用兽药，造成兽药使用不当。

② 缺乏对兽药的正确使用意识，养殖户对畜禽疾病的认知有限，不主动向专业兽医请教兽药使用知识，导致兽药使用不当。

③ 兽药质量良莠不齐，随着养殖业的扩大，部分兽药及饲料加工企业为追逐利益在兽药制作过程中"偷工减料"，导致畜禽肉品质存在一定的问题。

三、适用法规

20世纪90年代初，法国、西班牙、意大利等国均发生过因食用含有盐酸克仑特罗的食品而中毒事件，世界各国陆续开始禁止盐酸克仑特罗等β-肾上腺激动剂在肉用动物生产中的应用。20世纪90年代末期，我国香港发生了因为食用的猪肝脏中含有"瘦肉精"而导致的中毒事件[16]。农业部于1997年发布了《关于严禁非法使用兽药的通知》，通知明确严禁将β-肾上腺激动剂等药品作为调整动物生长代谢改变动物正常生长发育使用的添加剂[15]。近年来相关部门发布的公告及标准如下：

2002年，中华人民共和国农业部176号公告，《禁止在饲料和动物饮用水中使用的药物品种目录》；

2002年，中华人民共和国农业部193号公告，《食品动物禁用的兽药及其它化合物清单》；

2010年，中华人民共和国农业部1519号公告，《禁止在饲料和动物饮用水中使用的物质》；

2011年，中华人民共和国农质发〔2011〕10号，《"瘦肉精"涉案线索移送与案件督办工作机制》；

DB34/T 824—2020 动物组织中盐酸克仑特罗的残留测定——胶体金免疫层析法；

DB37/T 576—2005《饲料中盐酸克仑特罗快速筛选通则　酶联免疫吸附测定法》；

SN/T 4818—2017《进出口食用动物中莱克多巴胺、沙丁胺醇、盐酸克仑特罗的测定　酶联免疫吸附法》。

四、事件启示

1. 加强普及食品安全知识

提高消费者对瘦肉精及其他非法添加剂危害的认识，宣传相关法律常识，增强消费者的社会责任感。此外，对养殖户及相关工作人员进行知识宣讲，从生产环节让生产者了解"瘦肉精"的危害；加强媒体宣传力度，在公众共同的监督下制止"瘦肉精肉"等类似事件的发生。

2. 健全监管机制

建立健全瘦肉精监管长效机制，从工作队伍、经费投入、监管机构等各方面，在日常工作中不放松对食品监管的力度。在此，政府及相关机构成立专业的监管队伍，增加瘦肉精检疫监察的抽检频率，确保市场流通畜禽肉的安全性。另一方面，加强市场监督，协调各个机构联合执法，使兽药和畜禽肉的追踪溯源覆盖整个环节。

3. 加大研发力度

发挥科技研发的力量，专业技术人员研发健康、绿色的畜禽饲料产品，在尊重自然生长的前提下获得符合现代消费观的食品；通过遗传学等专业学科改良传统畜禽品种，通过科学的研究来达到提高畜禽肉品质的目标。

4. 注重源头监管

严厉打击不法分子，规范养殖档案，实行养殖投入品登记管理，从食品源头加强管理。制定完善相关的法律法规，从法律层面加强对畜禽生产的管理，并加强质量管理（兽药、畜禽），从源头进行溯源。

五、关联知识

1. "瘦肉精"的检测方法

"瘦肉精"的检测方法有快速检测试纸条、高效液相色谱法、酶联免疫吸附法（图4-1）、气相色谱质谱检测法、免疫传感检测技术（包括纳米金材料、碳质纳米材料等）、表面增强拉曼免疫法等[9,17-19]。

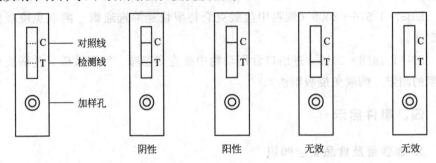

图4-1 "瘦肉精"酶联免疫吸附检测法示意

2. 生活中误食后的急救治疗

口服后立即洗胃、输液，促使毒物排出；立刻到相关卫生部门就医，并将所食剩余食物留样，以供后期检测使用。

3. 日常生活中如何辨别猪肉中是否添加"瘦肉精"

（1）看

看猪肉中脂肪层。加了瘦肉精的猪肉颜色看起来比较漂亮（图4-2），皮下面的脂肪层会看上去薄甚至不到1cm。两侧腹股沟脂肪层内密布毛细血管，如果猪肉切成2～3个手指这么宽，肉柔软且无法立住，在瘦肉和脂肪之间会有液体流出来，且食用瘦肉精长大的猪其后臀饱满。

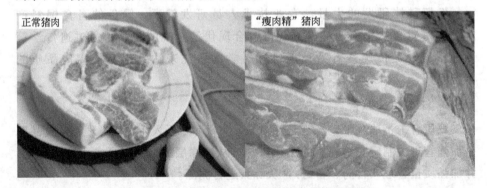

图4-2 正常猪肉与喂养瘦肉精猪肉的外观差异

（2）察

观察瘦肉的颜色和光泽。有瘦肉精的猪肉颜色很深，看上去还很鲜艳，但是肉比较松散；正常的肉颜色就比较淡，而且很有弹性，肉不会出水。

（3）测

用pH试纸检测，正常的新鲜肉是弱酸性的，通常情况下，杀猪一小时左右pH值是6.2～6.3，一般冷藏之后是5.6～6.0。但是含有瘦肉精的猪肉一般是偏酸性的，pH值一般小于正常值。

（4）购买

购买时到正规售卖点进行购买，并查看是否有相关的合格证书，此外可以通过观察猪肉表面是否盖有检疫印章来进行购买。

◆ 参考文献 ◆

[1] 潘小平，菲歌. 广东河源市区三百多人怀疑吃猪肉中毒 [EB/OL]. 人民网地方联报网，2001-11-09 [2021-04-06]. http://www.unn.com.cn/GB/channel242/243/1185/200111/08/123022.html.

[2] 潘小平. 河源"毒猪肉"事故曾引起市民恐慌 [EB/OL]. 人民网地方联报网，2001-11-09 [2021-04-06]. www.unn.com.cn/GB/channel242/243/1185/200111/09/123410.html.

[3] 黄聚平，张俊华. 河源"瘦肉精"惊动国务院 [EB/OL]. 人民网地方联报网，2001-11-12 [2021-04-06]. www.unn.com.cn/GB/channel242/243/1185/200111/12/124075.html.

[4] 潘小平. 组图：广东河源市销毁"毒猪肉" [EB/OL]. 人民网地方联报网，2001-11-09 [2021-04-06]. www.unn.com.cn/GB/channel242/1689/2551/2553/200111/09/123817.html.

[5] 潘小平. 河源市政府发出通告 暂停销售食用猪肉 [EB/OL]. 人民网地方联报网，2001-11-09 [2021-04-06]. www.unn.com.cn/GB/channel242/1689/2551/2553/200111/09/123813.html.

[6] 省农业厅对广东中洋饲料有限公司发出通报 [J]. 广东饲料，2001 (6)：11.

[7] 农业部发出关于严厉打击非法生产经营使用"瘦肉精"的紧急通知. 广东饲料 [J]，2001 (12)：10.

[8] 罗兆欣. "瘦肉精"的危害及生物化学检测方法探析 [J]. 现代食品，2019 (3)：30-32.

[9] 贺爽，徐宇良，熊进城，等. 猪肉组织中β-2-受体激动剂残检测技术的研究进展. 中国畜牧兽医学会兽医食品卫生学分会第十五次学术交流会，中国山东济南，F，2019 [C].

[10] 张瑞华，李芳，康怀彬，等. 动物源性产品中盐酸克仑特罗检测方法的研究进展 [J]. 食品研究与开发，2017，38 (3)：208-211.

[11] 刘东昊. 瘦肉精的危害与检测方法 [J]. 现代食品，2018，13：109-112.

[12] 田甜. 猪尿盐酸克仑特罗快速检测卡优选及应用 [D]. 雅安：四川农业大学，2014.

[13] 魏凤静. 关于"瘦肉精"分类、危害及检测标准的探讨 [J]. 山东畜牧兽医，2017，38 (4)：59-60.

[14] 杨金众. 食品中瘦肉精残留危害及其常用检测方法探讨 [J]. 食品安全导刊，2020 (3)：116.

[15] 赵翀. 关于瘦肉精中毒事件频发的思考 [J]. 肉类工业，2013 (12)：42-44.

[16] 王培龙. β-受体激动剂类药物分子印迹和质谱分析技术研究 [D]. 北京：中国农业科学院，2012.

[17] 刘芳. 瘦肉精危害和检测方法 [J]. 畜牧兽医科学（电子版），2019，16：88+158.

[18] 赵杰，梁刚，李安，等. 功能纳米材料的"瘦肉精"传感检测技术研究进展 [J]. 农业工程学报，

2019，35（18）：255-66.

[19] Zhu G，Hu Y，Gao J，et al. Highly sensitive detection of clenbuterol using competitive surface-enhanced Raman scattering immunoassay [J]. Analytica Chimica Acta，2011，697（1-2）：61-66.

（本案例由朱秋劲编写）

案例5

三聚氰胺奶粉事件

一、事件描述

2008 年 9 月，甘肃省岷县有 14 名婴儿同时被查出患有肾结石，随后甘肃省陆续共发现 59 例肾结石患儿，部分患儿已发展为肾功能不全，并出现 1 例死亡病例。之后，湖北、河南、陕西、宁夏、江西等多个地区也相继发现类似病例[1-5]。

据统计，截至 2008 年 12 月底，全国累计报告食用"三聚氰胺"问题奶粉导致泌尿系统异常的患儿达 29.6 万人，死亡 6 人[6-11]。

国务院紧急启动国家安全事故Ⅰ级响应，对患病婴幼儿实行免费救治，并对全国婴幼儿奶粉进行全面检测。检测结果表明，全国 22 家婴幼儿奶粉生产企业生产的 69 批次产品检测出了三聚氰胺，其中某品牌配方奶粉三聚氰胺含量最高，有的批次甚至高达 2563mg/kg。事后查明，三聚氰胺事件的直接原因是奶农在原奶收购环节非法添加三聚氰胺[8,11]。

三聚氰胺事件最终导致某集团前董事长被判处无期徒刑，3 位高级管理人员分别被判有期徒刑 15 年、8 年和 5 年。该集团作为单位被告，被判处罚金4937 余万元。3 位涉事奶农均被判刑。部分官员因此事被撤职，时任国家质检总局局长引咎辞职[12-18]。

二、原因分析

1. 什么是三聚氰胺？

三聚氰胺（melamine），化学式为 $C_3N_3(NH_2)_3$，又被称为密胺、蛋白精、1,3,5-三嗪-2,4,6-三胺等，是一种三嗪类含氮杂环有机化合物，常被用作化工原料。三聚氰胺的化学结构如下所示[19]。

三聚氰胺结构

2. 三聚氰胺的毒性及对人体的危害

目前三聚氰胺被认为毒性轻微，大鼠口服的半数致死量大于 3g/kg（以体重计）。据报道：将大剂量的三聚氰胺饲喂给大鼠、兔和狗后没有观察到明显的中毒现象，但动物长期摄入三聚氰胺会造成生殖、泌尿系统的损害，导致膀胱、肾部结石，并可进一步诱发膀胱癌[20]。而 1994 年国际化学品安全规划署和欧洲联盟委员会合编的《国际化学品安全手册》第三卷和国际化学品安全卡片也有说明：长期或反复大量摄入三聚氰胺可能对肾与膀胱产生影响，导致结石的产生。

3. 牛奶中出现三聚氰胺的原因

（1）时任相关部门监管不力

政府及相关部门对乳制品的监管力度亟待提高，并应及时制定相关的管理体系，市场监督部门在乳制品销售前、销售时及销售后都应完善相应的管理条例。比如当时国抽、省抽或者市抽并未对乳制品中的三聚氰胺指标作为乳制品的监控指标进行抽检。

（2）人为添加和检验不严格

在原料奶验收过程中检验不严格，在乳制品生产过程、乳制品出厂检验环节没有对三聚氰胺进行相关检查，使得含三聚氰胺的乳制品流入市场。根据 GB 19301—2010 生乳的定义为：从符合国家有关要求的健康奶畜乳房中挤出的无任何成分改变的常乳。产犊后七天的初乳、应用抗生素期间和休药期间的乳汁、变质乳不应用作生乳。GB 19301—2010 中明确规定生乳中蛋白质含量应该≥2.8g/100g[21]，由于受各种因素影响，有些牛奶中蛋白质含量达不到≥2.8g/100g 的要求。我国规定的蛋白质检测方法为 GB 5009.5，其中蛋白质的检测方法基本都是先检测产品中氮的含量，然后再乘以氮换算为蛋白质的系数最终计算产品蛋白质的含量[22]。因此部分奶农为了使不合格的原料奶蛋白质含量达到验收标准也可能会人为地添加三聚氰胺在原料奶中，如果食品生产企业疏于对原料奶的检测，极大可能会将含有三聚氰胺的原料奶用于乳制品的生产加工；另外部分乳制品企业为了降低成本不顾产品质量而采购不符合标准的生乳，或者在生产过程中通过人为添加三聚氰胺来达到提高被检测乳制品中蛋白质含量的目的。

（3）技术力量薄弱和化验设备缺乏

以前部分乳制品企业检测人员专业知识水平较低，缺乏专业的素质，不具备专业的三聚氰胺检测能力，如不会使用高效液相色谱法检测技术等。另外高效液相色谱仪价格昂贵，一台普通的高效液相色谱仪的售价和维护费用高达几十万甚至上百万，一般的中小乳制品企业无力承担如此昂贵的费用。因此某些企业自身无法拥有三聚氰胺的检测能力。

三、事件启示

三聚氰胺事件从表面上看是奶农在原奶中非法添加三聚氰胺，生产企业疏于管理，监管部门疏于监督所致，但是却从实质上暴露了当时我国食品安全监管体制、管理模式和责任追究存在的弊端与问题。三聚氰胺事件给中国食品安全敲响了警钟，党中央、国务院不断采取有力措施，坚持用"四个最严"（最严谨的标准、最严格的监管、最严厉的处罚、最严肃的问责）的标准严管食品安全，确保广大人民群众"舌尖上的安全"。

1. 迅速出台史上最严《食品安全法》

2009 年 2 月 28 日，第十一届全国人民代表大会常务委员会第七次会议通过《中华人民共和国食品安全法》（2018 年进行了修正）[23]，《食品安全法》把婴幼儿食品纳入特殊监管范围，增加了婴幼儿配方食品的备案和出厂逐批检验等要求，将婴幼儿配方乳粉产品的配方由备案制改为注册制，禁止以分装方式生产婴幼儿配方乳粉。《食品安全法》完善了赔偿标准，明确生产销售不符合食品安全标准的食品，消费者可获得价款十倍或者损失三倍的增加赔偿，赔偿金额不足一千元的为一千元。《食品安全法》大幅度提高处罚金额，将处罚金额上调数倍，最高可达货值的三十倍。同时，国家整合食品安全监管资源，将过去由多部门分段负责的监管体制转变为由食品药品监管部门统一负责生产、流通和餐饮服务监管的相对集中的监管体制。

2. 不断加大刑事打击力度

2011 年 2 月 25 日，第十一届全国人民代表大会常务委员会第十九次会议通过《刑法修正案（八）》[24]，将生产、销售不符合食品安全标准的食品和生产、销售有毒、有害食品的罪行最高刑期调整为无期徒刑，同时增设了食品监管渎职罪。2013 年 5 月，最高人民法院、最高人民检察院联合发布《最高人民法院、最高人民检察院关于办理危害食品安全刑事案件适用法律若干问题的解释》，进一步明确惩治危害食品安全犯罪的法律适用、定罪量刑标准以及相关罪名的司法认定标准。

四、相关法规

《中华人民共和国刑法》相关标准解读：

第一百一十四条 【放火罪、决水罪、爆炸罪、投放危险物质罪、以危险方法危害公共安全罪之一】放火、决水、爆炸以及投放毒害性、放射性、传染病病原体等物质或者以其他危险方法危害公共安全，尚未造成严重后果的，处三年以上十年以下有期徒刑。

第一百一十五条 【放火罪、决水罪、爆炸罪、投放危险物质罪、以危险方法危害公共安全罪之二】放火、决水、爆炸以及投放毒害性、放射性、传染病病原体等物质或者以其他危险方法致人重伤、死亡或者使公私财产遭受重大损失的，处十年以上有期徒刑、无期徒刑或者死刑。

过失犯前款罪的，处三年以上七年以下有期徒刑；情节较轻的，处三年以下有期徒刑或者拘役。

第一百四十条 【生产、销售伪劣产品罪】生产者、销售者在产品中掺杂、掺假，以假充真，以次充好或者以不合格产品冒充合格产品，销售金额五万元以上不满二十万元的，处二年以下有期徒刑或者拘役，并处或者单处销售金额百分之五十以上二倍以下罚金；销售金额二十万元以上不满五十万元的，处二年以上七年以下有期徒刑，并处销售金额百分之五十以上二倍以下罚金；销售金额五十万元以上不满二百万元的，处七年以上有期徒刑，并处销售金额百分之五十以上二倍以下罚金；销售金额二百万元以上的，处十五年有期徒刑或者无期徒刑，并处销售金额百分之五十以上二倍以下罚金或者没收财产。

第一百四十三条 【生产、销售不符合安全标准的食品罪】生产、销售不符合食品安全标准的食品，足以造成严重食物中毒事故或者其他严重食源性疾病的，处三年以下有期徒刑或者拘役，并处罚金；对人体健康造成严重危害或者有其他严重情节的，处三年以上七年以下有期徒刑，并处罚金；后果特别严重的，处七年以上有期徒刑或者无期徒刑，并处罚金或者没收财产。

第一百四十四条 【生产、销售有毒、有害食品罪】在生产、销售的食品中掺入有毒、有害的非食品原料的，或者销售明知掺有有毒、有害的非食品原料的食品的，处五年以下有期徒刑，并处罚金；对人体健康造成严重危害或者有其他严重情节的，处五年以上十年以下有期徒刑，并处罚金；致人死亡或者有其他特别严重情节的，依照本法第一百四十一条的规定处罚。

第一百五十条 【单位犯本节规定之罪的处罚规定】单位犯本节第一百四十条至第一百四十八条规定之罪的，对单位判处罚金，并对其直接负责的主管人员和其他直接责任人员，依照各该条的规定处罚。

五、关联知识

三聚氰胺是一种很常见的塑料化工原料，主要用来制作三聚氰胺树脂，可用于制作装饰板、氨基塑料、黏合剂、涂料等，以及用于造纸、纺织、皮革、电气等行业。三聚氰胺可以提高蛋白质检测值，长期摄入会导致人体泌尿系统膀胱、肾产生结石，并可诱发膀胱癌。

◆ 参考文献 ◆

[1] 三鹿荣获国家科学技术进步奖 [J]. 中国乳业，2008 (1)：76.

[2] 商务部发布 222 个"最具市场竞争力"的品牌名单 [EB/OL]. 中央政府门户网站，2007-02-15 [2021-04-06]. http：//www. gov. cn/gzdt/2007-02/15/content _ 528526. htm.

[3] 张新锋. 对我国驰名商标保护的思考——从"三鹿"事件谈起 [J]. 中华商标，2009 (1)：13-17.

[4] 刘峻，张星. 全国再现多例患肾结石婴儿，都曾食用同样奶粉 [N/OL]. 中国日报，2008-09-11 [2021-04-06]. http：//www. chinadaily. com. cn/hqzg/2008-09/11/content _ 7018023. htm.

[5] 陈若梦. 两个多月 14 名婴儿患"肾结石"疑与某奶粉有关 [EB/OL]. 新华网甘肃频道，2008-09-09 [2021-04-06]. https：//www. chinanews. com/jk/ysbb/news/2008/09-09/1376274. shtml.

[6] 简光洲. 国家卫生部：问题奶粉患儿的家长不接受赔偿可起诉 [EB/OL]. 中广网，2009-03-02 [2021-04-06]. http：//hn. cnr. cn/xwzx/gngj/200903/t20090302 _ 505254413. html.

[7] 国务院有关部门负责人就三鹿牌婴幼儿奶粉事故答问 [EB/OL]. 中央政府门户网站，2008-09-17 [2021-04-06]. http：//www. gov. cn/jrzg/2008-09/17/content _ 1097147. htm.

[8] 国家质检总局公布检出三聚氰胺婴幼儿配方乳粉企业名单 [EB/OL]. 央视网，2008-09-16 [2021-04-06]. http：//news. cctv. com/china/20080916/107375. shtml.

[9] 沈丽莉. 14 名婴儿同患"肾结石"[N]. 兰州晨报，2008-09-09.

[10] 殷春永. 甘肃上报婴儿泌尿结石病例 59 例 1 例死亡 [EB/OL]. 中国新闻网，2008-09-11 [2021-04-06]. http：//www. chinanews. com/jk/hyxw/news/2008/09-11/1379130. shtml.

[11] 中国"问题奶粉"致死患儿病例中首个家属接受赔偿 [EB/OL]. 央视网，2009-01-16 [2021-04-06]. http：//news. cctv. com/china/20090116/112378. shtml.

[12] 22 家婴幼儿奶粉生产企业 69 批次产品检出三聚氰胺 [EB/OL]. 中国新闻网，2008-09-16 [2021-04-06]. https：//www. chinanews. com/gn/news/2008/09-16/1383742. shtml.

[13] 陈国林. 三鹿系列刑案一审宣判 田文华被判无期徒刑 [EB/OL]. 中国新闻网，2009-01-22 [2021-04-06]. http：//www. chinanews. com/gn/news/2009/01-22/1539111. shtml.

[14] 三鹿集团股份有限公司被判罚金 4937 万多元 [EB/OL]. 中国新闻网，2009-01-22 [2021-04-06]. http：//www. chinanews. com/gn/news/2009/01-22/1539200. shtml.

[15] 骆国骏. 河北对"三鹿奶粉事故"有关责任人作出组织处理 [EB/OL]. 中央政府门户网站，2008-09-17 [2021-04-06]. http：//www. gov. cn/jrzg/2008-09/17/content _ 1097159. htm.

[16] 杨守勇，董智永. 河北省委免去冀纯堂石家庄市委副书记、常委职务 [EB/OL]. 中央政府门户网

站，2008-09-17［2021-04-06］. http：//www.gov.cn/jrzg/2008-09/17/content_1097842.htm.

［17］党中央国务院严肃查处三鹿牌婴幼儿奶粉事件有关责任人：国家质检总局局长李长江引咎辞职［N/OL］. 大众日报，2008-09-23［2021-04-06］. http：//paper.dzwww.com/dzrb/data/20080923/html/4/content_1.html.

［18］王静. 石家庄原市长冀纯堂被免去河北省人大代表职务［N/OL］. 石家庄日报，2009-04-28［2021-04-06］. https：//www.chinanews.com/gn/news/2009/04-28/1666737.shtml.

［19］唐莹、陈一资. 三聚氰胺的毒性研究进展［J］. 肉类研究，2009，12：42-44.

［20］林祥梅，王建峰，贾广乐，等. 三聚氰胺的毒性研究［J］. 毒理学杂志，2009，03：216-218.

［21］中华人民共和国卫生部. 食品安全国家标准　生乳：GB 19301—2010［S］.

［22］中华人民共和国卫生和计划生物与委员会，国家食品药品监督管理总局. 食品安全国家标准　食品中蛋白质的测定：GB 5009.5—2016［S］.

［23］中华人民共和国食品安全法（2018年修正版）.

［24］中华人民共和国刑法.

（本案例由郑斌编写）

案例 6

添加孔雀石绿事件

一、事件描述

2016 年 12 月，福建省食品药品监督管理局抽检报告显示，莆田某超市的草鲩，孔雀石绿不合格[1]。

2018 年 4 月，四川某百货有限公司乐山土桥街分店销售的活丁桂鱼和渠县某有限公司销售的乌鱼检出孔雀石绿[2]。

2019 年 7 月，广西北海某商业有限公司销售的来自广西某两家公司的草鱼，孔雀石绿检验结果为 2.58μg/kg，而食品安全国家标准规定为"不得检出"[3]。

2020 年 4 月杭州某百货有限公司销售的一个批次鳊鱼中检出孔雀石绿不合格[4]。

2020 年 8 月，北京市市场监督管理局发布食品安全监督抽检公告，在抽检的北京某餐饮服务有限公司的一个批次的草鱼中发现了被禁用的孔雀石绿[5]。

二、原因分析

1. 污染原因

（1）养殖环境污染

孔雀石绿在使用时一般采用养殖塘药浴或泼洒等方法，过去持续使用导致在水体中残留。作为一种工业用染料，孔雀石绿随着工业废水的排放，直接或间接通过地表径流汇入河口或海湾，从而污染养殖区域，造成水体和池塘底泥污染[6-11]。当底泥再悬浮或重新释放时，养殖水体再次污染，进而直接影响水产品质量安全。

（2）饲料污染

个别不法商贩利用孔雀石绿具有防病治病作用的特点，在水产饲料中添加孔雀石绿或使用被孔雀石绿污染的小鱼或鱼粉作为原料加工配合饲料，以提高饲料的销售数量，从中谋取暴利。养殖者不知内幕，认为所使用的饲料可以让鱼不生病、少生病，因此就大量使用，最终导致鱼类产品孔雀石绿残留。也有个别养殖者为获得较高养殖效益，自行在饲料中添加孔雀石绿。

（3）养殖环节添加

在水产品养殖环节中，孔雀石绿主要用于鱼苗孵化和鱼种、成鱼养殖阶段防治疾病。自 1933 年，Schnick 发现孔雀石绿在细胞分裂时会阻碍蛋白肽的形成，使细胞内的氨基酸无法转化为蛋白肽，细胞分裂受到抑制，能产生抗菌杀虫作用，于是作为驱虫剂、杀虫剂、防腐剂来预防与治疗水霉病、鳃霉病和小瓜虫病等各类水产动物疾病。

（4）运输环节添加

在水产运输中，为降低运输过程中因机械损伤而出现水霉病等，孔雀石绿则被用于车厢、水体等消毒杀菌，以防治水霉病，延长鱼鳞受损的鱼的寿命。

（5）销售环节添加

在水产品销售流通环节，一些销售人员，为避免暂养过程鱼类患病，也会在暂养水中使用孔雀石绿，最终导致孔雀石绿残留。如珠海市疾病预防控制中心曾在某待售水产品存放池水样中就检出了孔雀石绿，水产品存在孔雀石绿残留。

2. 屡禁不止的原因

我国于 2002 年 5 月已将孔雀石绿列入《食品动物禁用的兽药及其它化合物清单》[12]。作为违禁兽药之一，孔雀石绿危害重重，多年来也是监管部门重点监测的项目，为什么依然屡禁不止呢？

其一是疗效显著。鱼从鱼塘捕捞到水产品批发市场，要经过多次装卸。碰撞和摩擦易使鱼的鳞片脱落，引起水霉病甚至导致死亡。而孔雀石绿在治疗水霉病方面的疗效显著，还可有效防治其他一些原生虫等引起的疾病，效果明显优于其他药物。迄今为止，尚无较好的水霉病防治的替代药物。很多水产养殖者私下里使用孔雀石绿来防治鱼类的水霉病。

其二是廉价易得。孔雀石绿作为工业染色剂，生产是合法的，购买渠道无限制，因此在市场上很容易购买。虽然明令禁止在水产养殖行业中使用，但因其价格低廉，每千克不足 50 元，很多水产养殖户、鱼贩因贪图其"物美价廉"，不顾消费者利益而冒险偷偷购买使用。

其三是操作便利。孔雀石绿易溶于水，溶解后通过稀释处理就可以使用，非常方便。水产养殖户熟练掌握其用药方式后，很难改变用药习惯，也因此会不顾国家三令五申，依然违法违规使用，阻碍规范用药的推行。

其四是促进销售。鲜活水产品在运输及销售暂养时使用孔雀石绿，可使鱼体体色发生变化。被孔雀石绿消过毒的鱼，即使死后颜色也鲜亮，消费者很难从外表看出鱼已死了较长时间。

三、事件启示

1. 渔业渔政部门

应加强渔用兽药管理工作，加强渔用投入品的监测和检测，定期发布孔雀石绿检测结果，充分发挥媒体作用，让消费者了解水产品质量安全状况，层层传递压力。进一步建立和完善水产品质量安全管理体系，强化渔用投入品监管，严禁使用孔雀石绿，维护消费者利益。积极联合公安部门，加大追责力度，严厉打击非法使用孔雀石绿的不法行为。协调相关部门，防止水产品运输及销售环节中孔雀石绿的使用。进一步建立产品准出机制，协调相关部门逐步建立市场准入机制。已有准入、准出机制的，要进一步完善机制，落实每个环节。积极组织替代渔药的研发，提出配合养殖模式的用药技术。重视全民教育，加强食品安全科普知识的教育和引导，使广大人民群众掌握食品安全知识。从养殖户到运输商贩，从销售人员到消费者，都应该学会如何维护健康安全，保障食品安全。

2. 水产技术部门

通过多种方式、多种形式，对水产从业人员开展深入、持久的水产养殖规范用药暨水产品质量安全教育，充分认识使用违禁药品的危害性，提高从业人员职业道德和思想认识水平。指导渔民及从业人员的健康养殖和安全生产技术，针对被孔雀石绿污染的水源，研究新技术进行水体净化，例如利用植物吸附剂吸附水中孔雀石绿染料，改善水体环境污染的同时，给水生生物的生长繁殖提供一个有利的生长环境。协助行政管理部门，做好生产环节孔雀石绿的使用监督、检查工作和可追溯制度的落实工作，督促水产养殖从业人员做好养殖日志。加强对孔雀石绿销售环节的控制。为了从源头制止孔雀石绿的非法使用，规范孔雀石绿经营和销售环节，加强对市场上经营、销售单位的管理力度，对违法销售孔雀石绿的经营单位或个人应该给予重罚，取消其营业资格，甚至追究法律责任。

3. 水产从业人员

严格遵守国家相关的法律法规，自觉、主动地投入到水产养殖规范用药的活动之中，拒绝使用孔雀石绿。自觉提高水产品质量安全意识，维护水产品质量，维护行业发展，维护人类身体健康，将水产养殖中使用孔雀石绿视为谋财害命的犯罪行动予以坚决抵制。清除被孔雀石绿污染的底泥，不用被孔雀石绿污染的水源，严禁投喂含有孔雀石绿的配合饲料，严禁使用孔雀石绿对运输工具、水体和暂养水体消毒。

四、适用法规

由于孔雀石绿的种种危害，许多国家已宣布禁止孔雀石绿在经济鱼类（观赏鱼除外）养殖过程中使用。美国食品药品监督管理局（FDA）将孔雀石绿列为致癌试验优先研究的化学物品之一，不允许其在养殖业中应用；根据欧盟法案 2002/675/EC 规定，动物源性食品中孔雀石绿和隐性孔雀石绿残留总量不得高于 $2.0\mu g/kg$；日本的"肯定列表"明确规定在进口水产品中不得检出孔雀石绿残留。

《2000 年度中国出口动物源性食品中有毒有害物质残留监控计划》首次将出口鳗鱼中孔雀石绿残留量的监控列入年度计划，并延续至今。2002 年农业部发布了《食品动物禁用的兽药及其它化合物清单》（农业部公告第 193 号）[12]，《动物性食品中兽药最高残留限量》（农业部公告第 235 号）明文规定禁止在所有供人食用或其产品供人食用的动物中将孔雀石绿作为抗菌、杀虫剂使用。2002 年 9 月 1 日颁布执行的农业部行业标准 NY 5071—2002《无公害食品 渔用药物使用准则》，明确禁止使用孔雀石绿。2004 年 4 月 9 日中华人民共和国国务院令第 404 号《兽药管理条例》（2014 年 7 月 29 日第一次修订，2016 年 2 月 6 日第二次修订，2020 年 3 月 27 日第三次修订）规定，禁止使用假、劣兽药以及国务院兽医行政管理部门禁止生产、经营和使用的药品和其他化合物。使用禁止使用的药品按假兽药处理。

近年来，我国在对孔雀石绿等违禁水产药物的监管方面取得了明显成效，较多地区构建了食品安全监管网络，孔雀石绿的使用得到了进一步遏制。

五、关联知识

1. 何为孔雀石绿?

孔雀石绿（MG）虽然称作孔雀石绿，但它和百鸟之王的孔雀、古老的玉料孔雀石却毫不相干，仅仅是颜色相近而已。孔雀石绿是人工合成的三苯甲烷类化合物，带有金属光泽的绿色结晶体，又名碱性绿、孔雀绿、中国绿、苯胺绿、碱性绿、盐基块绿等，易溶于水，并溶于甲醇、乙醇、戊醇，水溶液为蓝绿色。其结构式如图6-1所示。

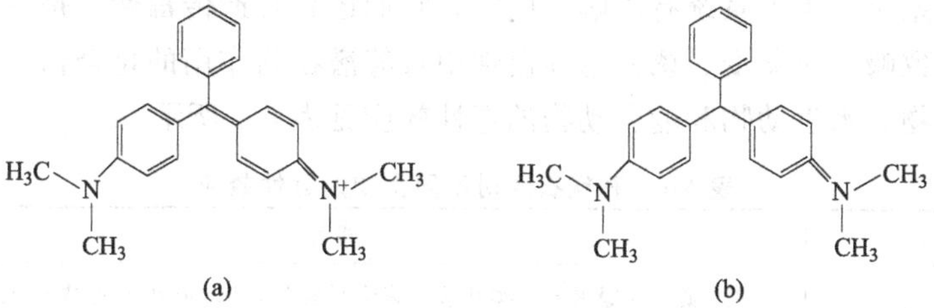

图6-1　孔雀石绿（a）和隐性孔雀石绿（b）的结构式

孔雀石绿最初是作为一种染色剂应用于传统工业领域，广泛应用于真丝、羊毛、皮革和棉布等的染色。自1933年证实孔雀石绿具有抗菌、杀虫等药效以来，许多国家就将其广泛用作水产养殖业中的杀虫剂和杀菌剂，用来杀灭体外寄生虫和鱼卵中的霉菌。

2. 什么水产品可能被孔雀石绿污染？

有可能含孔雀石绿的水产品主要为养殖的鳗鱼、甲鱼、河蟹等，而冰鲜鱼类大多是从海上捕捞的，含孔雀石绿的可能较小，广大消费者不必对所有鱼类一味盲目恐慌。

3. 如何识别孔雀石绿鱼

消费者在选购水产品尤其是鱼类产品时，可以通过观察鱼鳞、鱼鳃和鱼鳍来辨识"孔雀石绿鱼"。

首先，从鱼鳞来看，主要观察鱼鳞的创伤部位是否染色，一般鱼死后鳞片会失去光泽，而经过高浓度的孔雀石绿溶液浸泡后的鱼，死后的鱼鳞闪闪发光，颜色鲜亮，但表面会发绿，严重的还会有青草绿色。

其次，从鱼鳃来看，一般鱼的鱼鳃呈鲜红色，"孔雀石绿鱼"的鱼鳃因为失血过多而发白，或因出血而带有瘀血，呈紫红色。

最后，从鱼鳍来看，一般鱼的鱼鳍多呈青白色，而经孔雀石绿浸泡过的鱼鳍容易着色，其根部会呈现浅蓝色。

4. 何为LD_{50}？

在毒理学中，半数致死量（median lethal dose）简称LD_{50}，是指能杀死一半试验总体的有害物质、有毒物质或游离辐射的剂量。

5. 孔雀石绿的危害

孔雀石绿不仅污染水体环境，还会杀灭水中的浮游生物，影响鱼类生长。当人食用含有孔雀石绿的水产品，其残留物也会在人体内不断蓄积，尤其是在脂肪含量较多的组织。当浓度达到一定程度时，便会产生毒性作用，不仅对人体的免疫系统、生殖系统有影响，同时，它们还具有遗传毒性，是一种具有高致癌、高致畸、致突变、诱发急性慢性中毒等潜在副作用的化合物。孔雀石绿对浮游植物、水生动物和哺乳动物的毒性效应见表 6-1 所示。

表 6-1 孔雀石绿对不同生物的毒性效应

物种	毒性
浮游植物	导致藻类叶绿素 b 和类胡萝卜素含量降低,抑制叶绿素形成和光合作用,从而抑制藻类生长
水生动物	导致波部东风螺受精卵和幼体滞育和死亡; 引起多种鱼类急性锌中毒;抑制摄食及生长;降低排泄、解毒等功能;胚胎存活率下降,受精卵及幼体发育畸形;对呼吸系统酶有毒性作用,导致呼吸抑制;对多种器官(鳃、肝脏、肾脏等)具有发育毒性;肝细胞坏死、肝硬化;导致糖原代谢紊乱,引起高血糖、高氯血症,造成鱼体贫血
哺乳动物	诱发多处器官和细胞发生肿瘤;导致基因突变; 妊娠异常,引起畸形胎和死胎; 降低食物摄入量、生长速度和生殖能力,引发肝、肾、心脏、脾、肺、皮肤、眼睛等多器官中毒; 抑制血浆胆碱酯酶的活性,导致出现神经中毒症状

（1）高残留

孔雀石绿的代谢产物隐性孔雀石绿（LMG）不溶于水，易溶于脂而富集，其残留毒性比孔雀石绿更强。经孔雀石绿处理的鱼，鱼体内孔雀石绿残留量很快超过水体中的浓度水平，被吸收的孔雀石绿最初贮藏在血浆、肌肉、皮肤及肝脏、肾脏等一些内脏器官中，此后广泛分布于鱼体组织中，其毒性残留时间为一个月甚至几个月。有实验证明用 $0.8\mu g/mL$ 孔雀石绿溶液浸泡大菱鲆 1h，其肌肉中的孔雀石绿含量降至 $0.5\mu g/kg$ 以下需 20.3 天，其代谢物隐性孔雀石绿含量降至 $0.5\mu g/kg$ 以下，则需 $281.9\sim356.7$ 天。

（2）高致癌

孔雀石绿在体内有两条代谢途径，见图 6-2。其代谢产物芳香胺与具有致癌作用的芳香胺结构类似，可直接或酯化后与 DNA 反应，从而具有致癌性。此外，孔雀石绿的官能团三苯甲烷分子中的亚甲基和次甲基苯环可生成三苯甲基，抑制人体谷胱甘肽-S-转移酶的活性，促使人体器官组织的氧压改变和脂质过氧化，使细胞凋亡，进而诱发肿瘤。国际癌症研究机构将其认定为第 2 类致癌物。据美国国家毒理学研究中心研究发现，小鼠食入无色孔雀石绿104周，其肝脏肿瘤的发生率明显增加。

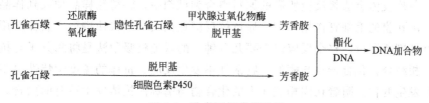

图6-2　孔雀石绿代谢途径

（3）致突变

由于孔雀石绿和隐性孔雀石绿的代谢产物的激活方式与致癌的苯胺类物质类似，认为其在体内和体外均具有致突变作用。研究发现孔雀石绿和隐性孔雀石绿导致大鼠基因突变实验结果均为阳性。隐性孔雀石绿可以增加大鼠肝细胞的突变频率。

（4）致畸

孔雀石绿对水生动物致畸作用明显，可以引起鱼卵发育异常，延长其孵化时间，脊柱、头、鳍和尾也有发育异常现象。对于哺乳动物，有研究表明孔雀石绿对大鼠和小鼠均有致畸作用，并可导致兔严重的妊娠异常，当其浓度仅为0.1mg/L时仍能致使兔繁殖致畸。

（5）急性、慢性毒性

孔雀石绿已被证实能引起动物食物摄入量、生长速度和生殖能力降低，导致肝、肾、心脏、脾、肺、皮肤、眼睛等多器官中毒。研究发现孔雀石绿盐酸盐对小鼠和大鼠的经口急性毒性的 LD_{50} 分别为80mg/L和275mg/L，急性毒性属中等物质。国外学者研究发现孔雀石绿能诱发小鼠膀胱上皮细胞和甲状腺滤泡细胞凋亡，致使肝细胞空泡化。孔雀石绿还能抑制血浆胆碱酯酶的活性，进而造成乙酰胆碱的蓄积而出现神经中毒症状[17]。

6. 检测方法

目前，孔雀石绿的检测以理化检测法和免疫学检测法为主，理化检测包括高效液相色谱法（HPLC）、薄层色谱法（TLC）、分光光度法（UV-VIS）、液相色谱质谱联用检测法（HPLC-MS）、表面增强拉曼光谱法（SERS）等[13-16]。虽然这些方法准确度较高，但检测设备价格昂贵、样品预处理复杂费时、溶剂消耗量大、对操作仪器设备人员要求较高，加之检测周期长、检测成本高，并不适于对大量样品进行低成本快速筛选、现场判定。

免疫学检测法相对于传统仪器检测而言，对仪器设备等条件要求不高，具有便于携带、快速方便、成本低廉、无污染等优点。免疫胶体金法和酶联免疫法（ELISA）被认为是最具应用价值和发展潜力的快速痕量分析技术。

免疫胶体金法将反应所需的原料整合到试剂中，将待测样品加入到样品膜上，微孔膜的毛细管作用，使抗原抗体反应在固相膜上快速进行，滴样后用肉眼直接判断即可，整个反应仅需要几分钟。酶联免疫吸附法是将酶分子与抗体分子相结合，化合产物与酶的生物活性不发生反应，抗体的免疫学特性也不会因其发生变化。附着在固相载体上的化合物与酶标内抗体发生特有的融合，底物通过酶的作用将供氢体由无色转变成有色氧化型并产生反应，根据样品颜色变化与样品中相应结合物呈一定比例这一原理，对比观察样品颜色的深浅变化并进行定量测定。目前已有成套的孔雀石绿及其代谢物隐性孔雀石绿的ELISA试剂盒上市。胶体金法和酶联免疫吸附法已逐渐应用于动植物检疫、海关检测、食品安全监督等诸多领域，较好满足目前对水产品孔雀石绿残留检测的迫切需要。

◆ 参考文献 ◆

[1] 陈弘毅. 福建食药监局公布 60 批次不合格产品涉多家大型超市 [EB/OL]. 中国政府网, 2016-12-27 [2021-04-06]. http://www.gov.cn/xinwen/2016-12/27/content_5153500.htm.

[2] 四川：16 批次食品不合格遭通报 沃尔玛售活鱼检出孔雀石绿 [EB/OL]. 国家市场监督管理总局. 中国打击侵权假冒工作网, 2018-04-16 [2021-04-06]. http://www.ipraction.gov.cn/article/gzdt/zlbg/202004/109714.html.

[3] 董童. 国家市场监管总局：5 批次食品不合格 3 款在天猫有售 [EB/OL]. 人民网, 2019-07-09 [2021-04-06]. http://health.people.com.cn/n1/2019/0709/c14739-31222112.html.

[4] 胡亦心. 杭州公布 4 月份食品安全抽检结果：7 批次产品不合格 [EB/OL]. 新华网, 2020-04-15 [2021-04-06]. http://www.xinhuanet.com/food/2020-04/15/c_1125857204.htm.

[5] 王薇. 市场监管局抽检结果 这些餐饮企业没过关 [N/OL]. 北京青年报, 2020-08-24 [2021-04-06]. http://epaper.ynet.com/html/2020-08/24/content_359940.htm? div=-1.

[6] 王龙贵. 从水产品出口遭遇"孔雀石绿"风波引发的思考 [J]. 中国检验检疫, 2006 (1)：29-30.

[7] 鲍洪波, 梅会清. 孔雀石绿污染甲鱼事件的调查 [J]. 中国动物检疫, 2005 (12)：35-37.

[8] 杨基鄂, 石会云. 孔雀石绿及其毒性 [J]. 中学化学参考, 2005 (12)：40.

[9] 农业部. 关于组织查处"孔雀石绿"等禁用兽药的紧急通知. 农办医 [2005] 24 号. 2005 年 7 月 7 日.

[10] 龚珞军, 杨兰松, 雷伟等.《水产品质量安全》讲座第三讲 孔雀石绿与水产品质量安全 (1) [J]. 渔业致富指南, 2019 (14)：66-67.

[11] 龚珞军, 杨兰松, 雷伟, 等.《水产品质量安全》讲座 第三讲 孔雀石绿与水产品质量安全 (2) [J]. 渔业致富指南, 2019 (15)：62-64.

[12] 中华人民共和国农业部公告第 193 号. 食品动物禁用的兽药及其它化合物清单. 2002 年 4 月.

[13] 桂英爱，王洪军，刘春林，等. 孔雀石绿及其代谢产物在水产动物体内的残留、危害及检测研究进展 [J]. 大连水产学院学报，2007 (4)：293-298.

[14] Culp S J, Beland F A, Heflich R H, et al. Mutagenicity and carcinogenicity in relation to DNA adduct formation in rats fed leucomalachite green [J]. Mutation Research/fundamental & Molecular Mechanisms of Mutagenesis, 2002, 506~507 (2)：55-63.

[15] Manjanatha M G, Shelton S D, Bishop M, et al. Analysis of mutations and bone marrow micronuclei in Big Blue rats fed leucomalachite green [J]. Mutation Research/fundamental & Molecular Mechanisms of Mutagenesis, 2004, 547 (1-2)：5-18.

[16] Culp S J, Blankenship L R, Kusewitt D F, et al. Toxicity and metabolism of malachite green and leucomalachite green during short-term feeding to Fischer 344 rats and B6C3F1 mice [J]. Chemico-Biological Interactions, 1999, 122 (3)：153-170.

[17] 李孝军，唐行忠，王素华等. 水产品中孔雀石绿残留的风险评估 [J]. 检验检疫学刊，2009 (03)：62-65.

（本案例由王建晖编写）

案例 7

毒韭菜事件

一、事件描述

从 2010 年 4 月 1 日开始，青岛的一些医院陆续接收到 9 名患者，患者的普遍症状表现为头疼、恶心和腹泻，经过医院检查以后发现属于有机磷农药中毒。经过调查了解后发现，这些患者之前均食用了韭菜，导致患者疾病的原因是食用的韭菜上残余的有机磷农药严重超标。经过救治，患者已经恢复了健康[1]。

接到报告后，青岛市政府高度重视，青岛工商部门立即成立了 101 个流动执法小组，先后检查农产品批发、零售市场、商场超市和农村集市 1650 个（次），检查蔬菜经营业户 39138 户（次），查验入市蔬菜等农产品索证索票 89000 余份，监督销毁农药残留超标韭菜 1930kg[1]。

2011 年 3 月 25 日，河南省南阳市，消费者在同一个流通菜摊上购买了韭菜后，有 10 名消费者出现了腹痛、恶心、眼皮跳、呕吐等相同的症状，最终确诊为有机磷农药中毒。医院对中毒较重的人员进行了洗胃治疗，对其他人员进行了排毒、保胃治疗，使这 10 名中毒者的病情得到了控制[2]。

2012 年 5 月 1 日，在济南天桥区，有两家七口人在晚饭吃了购买同一家菜商的韭菜馅饺子后先后住进了医院，后查证同样为有机磷农药中毒[3]。

二、原因分析

韭菜，是一种多年生的草本植物，在韭菜的生长过程中，容易遭受多种病虫的侵害，尤其是韭菜迟眼蕈蚊，喜食韭菜，其幼虫俗称韭蛆，它们分别危害韭菜的根茎和叶片，可导致韭菜死亡。为了防治病虫，农户们往往选择高效、低成本的化学防治措施，但是因为韭蛆生活在地下，不易杀灭，为了保证防治效果，种植户往往会使用甲胺磷、甲拌磷等有机磷农药，而这些有机磷农药又无法在短期内降解，从而导致了有机磷农药残留在韭菜中。有机磷农药往往具有毒性，从而导致了有机磷农药中毒事件。

2010 年 4 月 9 日，青岛市工商行政管理局针对韭菜上残余的有机磷农药严重超标事件，组织召开了新闻发布会，介绍了相关情况[1]。据青岛市工商局市场处的负责人介绍，由于受季节变换以及气温升高的影响，蔬菜的病虫害到了高发期，为了防治虫害，菜农加大了用药量和用药频率，蔬菜中农药残留超标情况开始增多。

三、适用法规

根据中华人民共和国农业部公告第 199 号规定，国家明令禁止使用的农药包括六六六（HCH），滴滴涕（DDT），毒杀芬，二溴氯丙烷，杀虫脒，二溴乙烷，除草醚，艾氏剂，狄氏剂，汞制剂，砷、铅类，敌枯双，氟乙酰胺，甘氟，毒鼠强，氟乙酸钠，毒鼠硅。在蔬菜、果树、茶叶、中草药材上不得使用和限制使用的农药有甲胺磷、甲基对硫磷、对硫磷、久效磷、磷胺、甲拌磷、甲基异柳磷、特丁硫磷、甲基硫环磷、治螟磷、内吸磷、克百威、涕灭威、灭线磷、硫环磷、蝇毒磷、地虫硫磷、氯唑磷、苯线磷 19 种高毒农药。三氯杀螨醇、氰戊菊酯不得用于茶树上。任何农药产品都不得超出农药登记批准的使用范围使用。

《中华人民共和国农产品质量安全法》第二十五条规定，农产品生产者应当按照法律、行政法规和国务院农业行政主管部门的规定，合理使用农业投入品，严格执行农业投入品使用安全间隔期或者休药期的规定，防止危及农产品质量安全。禁止在农产品生产过程中使用国家明令禁止使用的农业投入品。

《中华人民共和国食品安全法》四十九条规定，食用农产品生产者应当按照食品安全标准和国家有关规定使用农药、肥料、兽药、饲料和饲料添加剂等农业投入品，严格执行农业投入品使用安全间隔期或者休药期的规定，不得使用国家明令禁止的农业投入品。禁止将剧毒、高毒农药用于蔬菜、瓜果、茶叶和中草药材等国家规定的农作物。

《中华人民共和国食品安全法》第一百二十三条规定，违法使用剧毒、高毒农药，尚不构成犯罪的，由县级以上人民政府食品安全监督管理部门没收违法所得和违法生产经营的食品，并可以没收用于违法生产经营的工具、设备、原料等物品；违法生产经营的食品货值金额不足一万元的，并处十万元以上十五万元以下罚款；货值金额一万元以上的，并处货值金额十五倍以上三十倍以下罚款；情节严重的，吊销许可证，并可以由公安机关对其直接负责的主管人员和其他直接责任人员处五日以上十五日以下拘留。该法条明确指出，违法使用剧毒、高毒农药的，除依照有关法律、法规规定给予处罚外，可以由公安机关依照本法第一百二十三条第一款规定给予拘留。

2016 年 3 月，山东省济南市济阳县潘某某，在其自家种植的韭菜地内，使用甲拌磷乳油浇灌韭菜，被当地农业局执法人员查获。经检验，韭菜均为不合格，农药含量严重超标。法院经审理认为，被告人潘某某违反国家食品安全管理制度，在生产的食品中掺入有毒、有害的非食品原料，侵犯了广大消费者的生命、健康安全，其行为已构成生产有毒有害食品罪，依法应予惩处，一审被判处拘役 6 个月，并处罚金 5000 元[4]。

四、事件启示

1. 从源头上进行控制

在种植环节超范围或者超量使用农药，会导致食品安全问题。监管部门应该加强对种植户使用农药的管理，对违规使用农药的行为进行严格查处，从源头上进行控制。

2. 强化生产经营者主体责任

种植户应对自己生产的产品负主要责任，对自己生产经营的全过程进行控制，提高生产经营者的诚实守信水平和自觉守法意识，合法合规使用农药。

3. 加强宣传和教育力度

应加大农药使用方法及不当使用导致的危害的宣传，提醒使用者做好个人安全防护措施。通过各种宣传、讲座、咨询和服务公共互动平台，让种植户认识到农药残留超标问题的严重性。另外，要向群众说明有机磷农药的中毒早期的症状，以免延误群众的治疗。

五、关联知识

1. 有机磷农药的定义和种类

有机磷，指含有碳-磷键的有机化合物，很多农药中都含有有机磷化合物成分。有机磷农药，指的是含有磷元素的有机化合物农药，多为油状液体，有大蒜味，挥发性强，微溶于水，遇碱破坏。

有机磷农药种类很多，一般来说，可以根据其毒性强弱分为高毒、中毒和低毒三类。高毒类有机磷农药主要有对硫磷、内吸磷、甲拌磷、乙拌磷、硫特普和磷胺等；中毒类有机磷农药主要有敌敌畏、甲基对硫磷、甲基内吸磷等；低毒类有机磷农药主要有敌百虫、乐果、马拉硫磷、二溴磷、杀螟松（杀螟硫磷）等。

2. 有机磷农药的危害

有机磷农药中毒，是一种常见的农药中毒，症状出现的时间和严重程度与农药性质、吸收量以及人体的健康情况等密切相关。一般来说，有机磷农药急性中毒多在 12h 内发病。根据中毒程度，可以划分为轻度中毒、中度中毒和重度中毒三个等级。轻度中毒，症状主要表现为恶心、呕吐、头晕头疼、胸闷、疲劳以及视力模糊和瞳孔缩小等症状。中度中毒，主要症状为轻度呼吸困难、肌肉震颤、瞳孔收缩，但是患者意识是清醒的。重度中毒，则体现为昏迷、脑水肿等，患者会产生严重的呼吸困难、肺水肿以及肌肉僵硬等现象[5]。

3. 容易污染有机磷农药的食品类别

有机磷农药在很多水果蔬菜种植过程中都会用到，一般来说，可能被有机磷农药污染的瓜果蔬菜主要有韭菜、芹菜、小白菜、菠菜、生菜、苹果、梨、黄瓜、胡萝卜、冬瓜、南瓜、西葫芦、茄子、萝卜等。

4. 预防有机磷农药中毒的方法

① 去皮法　相对来说，蔬菜瓜果表面的农药残留量较多，所以对果蔬进行去皮，是一种较好的去除残留农药的方法。

② 浸泡水洗法　一般来说，有机磷类农药难溶于水，使用清水浸泡的方法只能除去部分污染的农药。使用清水浸泡冲洗，是清除果蔬上的污物和去除部分残留农药的基础方法，主要用于叶类蔬菜的清洗，譬如小白菜、菠菜、生菜等。具体的方法为：先用水冲洗掉表面污物，然后用清水浸泡，浸泡时间最好在 10min 以上，这样可以增加残留农药的溶出，浸泡后再使用流水冲洗两三遍。

③ 碱水浸泡法　有机磷农药在碱性环境下会加速分解速度，因此各类蔬菜瓜果的清洗都可以使用碱水浸泡的方法。具体方法是先将表面污物冲洗干净，浸泡到碱水中，碱水可以按照每 100mL 水中加入食用小苏打 2g 左右的比例制作，浸泡 10min 以上，然后用清水冲洗干净。

④ 储存法　有机磷农药的生物半衰期为 7~10 天，随着存放时间的延长，有机磷农药能够缓慢地分解，减少农药残留量，这种方法适用于苹果、猕猴桃、冬瓜等不易腐烂的种类[6]。

◆ **参考文献** ◆

[1] 王伟. 青岛检出 1930 公斤韭菜农药超标 9 名市民中毒 ［EB/OL］. 中国青年网，2010-04-10

[2021-04-06]. http://news.youth.cn/gn/201004/t20100410_1194063.html.

[2] 王伟华. 河南南阳惊现毒韭菜 10 人中毒呕吐不止 [EB/OL]. 中国广播网，2011-03-30 [2021-04-06]. http://china.cnr.cn/yaowen/201103/t20110330_507842786.shtml.

[3] 单亮. 济南疑似毒韭菜"放倒"7 人仍在调查 事发菜市停卖 [EB/OL]. 中国广播网，2012-05-05 [2021-04-06]. http://china.cnr.cn/ygxw/201205/t20120505_509557604.shtml.

[4] 王伟. 新《农药管理条例》明确农药使用者法律责任 [EB/OL]. 中国农网，2017-05-05 [2021-04-06]. http://www.farmer.com.cn/2017/07/27/99697391.html.

[5] 张雪梅. 有机磷农药中毒如何急救 [J]. 家庭医学（下半月），2021（3）：56.

[6] 孙瑞红. 韭菜质量安全问题及对策 [J]. 食品科学技术学报，2015，33（3）：9-12.

（本案例由刘士健编写）

案例 8

香瓜污染李斯特菌事件

一、事件描述

2011 年 9 月，美国疾病预防与控制中心陆续报道了因香瓜（别称甜瓜、哈密瓜、白兰瓜、华莱氏瓜）污染李斯特菌而引起的食源性疾病事件，导致美国科罗拉多州等 28 个州的 147 例感染。大多数患者（127/147，86%）年龄在60 岁或以上。据报告，在孕妇和新生儿中有 7 例感染，1 例孕妇相关性流产。在可获得住院信息的 145 名患者中，143 名（99%）住院。147 名患者中有 33名（22%）死亡（截至 2011 年 12 月 8 日）。

此次李斯特菌感染香瓜疾病爆发是美国近十年来最大的一次。这起李斯特菌污染事件自 2011 年 9 月中旬开始，从美国科罗拉多州南部的农场向外蔓延到佛罗里达州、加利福尼亚州、伊利诺伊州等美国的 28 个州。感染人群的症状包括发烧、头疼、颈部僵硬、呕吐、流产或胎死腹中等，不同人群的发病症状及程度不同[1]。

二、原因分析

1. 查找污染源

由于李斯特菌通常具有 1~8 周的潜伏期，调查起来并不容易。美国有关州、地区和联邦公共卫生管理部门启动联合调查，询问疑似患者和与疾病爆发有关的病人在发病前一个月内食用熟食、即食沙拉、海鲜、水果、牛奶、芝士及其他奶制品的情况。在食物分析的过程中，线索导向到最初被采访的大多数病人，他们报告说吃过香瓜，于是国家和地方卫生和监管机构以及食品药品监督管理局（FDA）对感染病人食用的零售哈密瓜的分销渠道进行了追溯调查，发现这些瓜来自科罗拉多州的 Jensen 农场。香瓜在八月和九月收获，并广泛分销至美国各州，感染爆发期间仍能在一些零售店里买到。

科罗拉多州的公共卫生和环境相关部门从食品杂货店、病人家中、冷藏和包装设施环境中收集了部分香瓜，将瓜上菌株进行分离并与本次爆发病例单增李斯特菌进行对比。检测结果发现，两者具有相同的 DNA 分子指纹图谱。

通过流行病学、溯源和实验室调查后锁定了来自科罗拉多州的格兰纳达波尼地区的 Jensen 农场种植的香瓜，断定香瓜是此次疾病的污染源[2]。

2. 寻找污染途径

那么，李斯特菌是如何污染香瓜，进而导致被大面积感染的呢？美国有关部门随即对香瓜展开召回，并对农场的生产环境、加工工艺展开评估。通过调查找到了一些可能造成李斯特菌污染香瓜的途径：

（1）香瓜污染最有可能发生在农场的加工过程中。加工设备，被认为是食品加工环境中的主要污染源，并可导致微生物在加工环境中扩散到食品和其他物体表面。

（2）包装厂排水装置的设计方式不足以完成清洁过程，可能为李斯特菌提供了"避难所"。在包装厂内检测到有大量李斯特菌，从设备表面转移到包装设施中也是潜在的污染途径。

（3）设备设施不足，加工厂未能消毒和预冷香瓜，加上冲洗后残留的外皮水分和冷藏期间空气循环不足，可能促使李斯特菌在外皮表面生长繁殖而增多。

李斯特菌来源广泛，既可在种植过程中受到污染，然后由香瓜携带进入食品加工厂，也可由灰尘或排泄物经工作人员带入，污染工作场所及机械设备，进而污染食品。再加上 Jensen 农场加工设备本身的清洁和消毒不足，冷藏前缺少预冷步骤，以及包装设施设计等因素，导致李斯特菌在冷藏库中传播和生长。

三、事件启示

1. 加强预防农产品李斯特菌的污染

尽管新鲜农产品是引发李斯特菌病爆发的罕见原因，但也已有多起此类疾病爆发的报道。这次美国香瓜污染李斯特菌事件也表明，未经加工的农产品，可作为李斯特菌的传播媒介，凸显了在农场种植环境和加工环节中预防李斯特菌污染的重要性。

2. 遵循良好的农业操作规范，保证原料安全

尽量减少食源性病原菌引入和污染食品的机会。此外，新鲜农产品的种植

者和加工者应在实施前，彻底评估现有工艺，以便识别和减少潜在的食品污染源，降低食品安全风险。

3. 加强"从农田到餐桌"的全程质量安全管理

食品污染危害涉及种植、养殖、加工、包装、贮存、运输、销售直至食用的"从农田到餐桌"的食品供应全过程，每一个环节都要做到严格把控，全程质量安全都有良好管理措施，才能保证消费者舌尖上的安全。因此，农产品的生产加工流程需要更加完善，监督管理过程也亟待提高。

4. 该案例对我国食品安全启示

此次事件发生后，美国相关部门迅速采取措施，对 Jensen 农场生产的香瓜立即召回并彻查中毒原因及传播途径，同时向社会公众发布提醒，尽量丢弃购买到的 Jensen 农场的香瓜。整个过程表现出良好的紧急事件响应措施。

在紧急事件发生后，各部门应该采取紧急措施防止事件的扩大，而不是为了维护自己企业或品牌的名声或减少损失而推卸责任，隐瞒真相，将消费者对自己品牌的信任和消费者的安全健康抛之脑后。我国应该规范推进食品质量安全责任制，加强食品安全质量管理，健全食品质量法律体系，提高从业人员素质，为我国的食品安全提供正确的指引方向。

四、关联知识

1. 什么是李斯特菌？

李斯特菌是一类革兰阳性菌，属厚壁菌门。目前，共有 7 种李斯特菌，但单核细胞增生李斯特菌（*Listeria monocytogenes*）（以下简称单增李斯特菌）是唯一能引起人类疾病的。单增李斯特菌是一种常见的土壤腐生菌，以死亡的和腐烂的有机物为食，是一种危害较大的食源性致病菌。

单增李斯特菌广泛分布于土壤、水、植物、动物中，甚至绝大多数食品都可能污染该菌。单增李斯特菌生存环境可塑性大，在酸碱性条件下都适应，在 $0\sim42℃$ 下均可生存。单增李斯特菌在低温环境下也能缓慢生长和繁殖，因而它是存在于冷藏食品中威胁人类健康的主要病原菌之一。人感染单增李斯特菌主要是通过粪-口途径，感染后可引起一系列疾病，如发热性肠胃炎到侵袭性疾病，包括败血症和脑膜炎等。

2. 哪些食物容易出现李斯特菌污染？

李斯特菌在环境中无处不在，在绝大多数食品中都能找到李斯特菌，如乳制品、肉类、蛋类、禽类、水产品、蔬菜等都已被证实是李斯特菌的感染源。世界卫生组织在单增李斯特菌食品中毒报告中指出，4%～8%的水产品、

5%～10%的乳及乳制品、30%以上的家禽有被该菌污染历史。带菌率较高的食品主要有乳和乳制品、肉类（特别是牛肉）、蔬菜、沙拉、海产品和冰淇淋等。该菌生存适应能力强、范围广，能在4℃的家用冰箱冷藏室条件下较长时间生存繁殖，能耐受较高的渗透压，因此通常也存在于未杀菌的生冷食物中，也是冰淇淋、雪糕等冷冻冷藏食品容易污染的主要病原菌。

3. 单增李斯特菌食物中毒危害

单增李斯特菌进入人体是否得病，与菌的数量和宿主的年龄以及免疫状态有关，该病菌是一种细胞内寄生菌，宿主对它的清除主要靠细胞免疫功能[3]，因此，易感染者大都为新生儿、孕妇、40岁以上的成人及免疫功能缺陷者。感染该病菌后一般不会迅速发病，侵袭型潜伏期为1～8周，腹泻型潜伏期为8～24h。感染者的症状主要有发热、肌肉疼痛、继发腹泻或其他胃肠道症状、脑膜炎。此次香瓜感染事件，大多感染者为年长者。单增李斯特菌对不同人群危害程度及表现不同：

① 健康人群感染单增李斯特菌后，轻则表现为恶心、腹泻、发烧等，重则表现为身体失衡、僵硬痉挛等。

② 怀孕妇女被单增李斯特菌感染可能导致流产、早产、死产或新生儿严重感染。

③ 新生儿感染单增李斯特菌后，病情严重，分为早发型和迟发型。早发型感染是宫内感染所致，出生时或出生后1周内发病，常呈败血症，病死率高。迟发型感染于出生后1～3周发病，主要表现为脑膜炎，出现拒食、多哭、易激惹、发热或脑膜刺激征。

④ 老年人等患有慢性疾病等人群感染单增李斯特菌后，病情严重，常表现为脑膜炎、败血症等疾病。

4. 李斯特菌食物中毒的预防

① 彻底清洗水果、蔬菜等生吃食品；

② 生熟区分开，防止交叉污染；

③ 肉类熟食、冷藏食品等应彻底加热后再食用，且温度必须达到70℃持续两分钟以上；

④ 不喝生牛奶、不吃未经高温消毒的软奶酪；

⑤ 保证储存食品的冰箱温度低于4℃。

◆ 参考文献 ◆

[1] Cosgrove S，Cronquist A，Wright G，et al. Multistate Outbreak of *Listeriosis* Associated with Jens-

en Farms Cantaloupe—United States，August-September 2011［J］. American Journal of Transplantation，2011，11（12）：2768-2769.

［2］McCollum J T，Cronquist A B，Silk B J，et al. Multistate Outbreak of *Listeriosis* associated with cantaloupe［J］. New England Journal of Medicine，2013，369（10）：944-953.

［3］刘少伟，阮赞林. 食品中李斯特菌对人的危害［J］. 质量与标准化，2012（4）：29-30.

（本案例由吴倩编写）

案例 9

动物残留镇静剂事件

一、事件描述

2020 年，吉林省长春市某开发区猪肉摊销售的猪肉，检测出氯丙嗪数值为 3.9μg/kg，不符合《GB 31650—2019 食品安全国家标准 食品中兽药最大残留限量》中氯丙嗪不得检出的规定[1]。

2020 年 1 月 14 日，湖南省市场监督管理局发布关于 278 批次食品安全监督抽检情况的公示，某公司商场销售的鲫鱼，地西泮项目不符合食品安全国家标准规定[2]。

2020 年 10 月，四川省市场监督管理局组织了食品安全监督抽检，其中有 3 批鱼被检不合格，情况如下：①资阳市雁江区某水产品经营部销售的"花鲢鱼"，地西泮检出 1.16μg/kg，规定不得检出，不符合食品安全国家标准。另有 1 批次该被抽样单位销售的"鲫鱼"也检出同样问题。②仁寿县文林镇城南市场（周某）销售的"白鲢鱼"，地西泮检出 3.83μg/kg，规定不得检出，不符合食品安全国家标准规定。③资阳市雁江区某水产品经营部销售的"花鲢鱼"，地西泮检出 3.74μg/kg，规定不得检出，不符合食品安全国家标准规定[3]。

2021 年 4 月 30 日，重庆市市场监督管理局发布 2021 年第 21 号食品安全抽检通告，在对 24 类食品 1074 批次样品的抽检中，共检出不合格样品 29 批次，如合川区隆兴镇某米粉馆销售的花鲢鱼，检出"地西泮"[4]。

二、原因分析

地西泮，又名安定，为镇静剂类药物，主要用于焦虑、镇静催眠，还可用于抗癫痫和抗惊厥，是兽医临床上用来减轻或消除动物狂躁不安、使动物恢复平静的药物。

氯丙嗪，又名冬眠灵，属镇静剂类药物，可作用于中枢神经系统，故被作为中枢多巴胺受体的阻断剂，具有镇静、催眠、镇吐、抗晕眩等功效。氯丙嗪和地西泮，都属于镇静剂类药物，被一些养殖户违规添加至饲料中，目的是通过抑制养殖类动物活动，达到"短期育肥"的效果，增重催肥，缩短出栏时间，或在长途运输过程中减少其应激反应，进而降低死亡率。镇静剂类药物的滥用，会造成其在动物体内大量残留，并通过食物链进入人体，长期蓄积会引发食物中毒、肝脏和肾脏病变等，直接危害人体健康[5,6]。

三、适用法规

依据 GB 31650—2019《食品安全国家标准 食品中兽药最大残留限量》的规定，能够在养殖过程中使用的兽药是有明确的使用范围的，氯丙嗪和地西泮均属于允许作治疗使用，但不得在动物性食品中检出的兽药。

《兽药管理条例》第 62 条规定，未按照国家有关兽药安全使用规定使用兽药的，未建立用药记录或者记录不完整真实的，或者使用禁止使用的药品和其他化合物的，或者将人用药品用于动物的，责令其立即改正，并对饲喂了违禁药物及其他化合物的动物及其产品进行无害化处理；对违法单位处 1 万元以上 5 万元以下罚款；给他人造成损失的，依法承担赔偿责任。

《兽药管理条例》第 63 条规定，销售尚在用药期、休药期内的动物及其产品用于食品消费的，或者销售含有违禁药物和兽药残留超标的动物产品用于食品消费的，责令其对含有违禁药物和兽药残留超标的动物产品进行无害化处理，没收违法所得，并处 3 万元以上 10 万元以下罚款；构成犯罪的，依法追究刑事责任；给他人造成损失的，依法承担赔偿责任。

《兽药管理条例》第 68 条规定，在饲料和动物饮用水中添加激素类药品和国务院兽医行政管理部门规定的其他禁用药品，依照《饲料和饲料添加剂管理条例》的有关规定处罚；直接将原料药添加到饲料及动物饮用水中，或者饲喂动物的，责令其立即改正，并处 1 万元以上 3 万元以下罚款；给他人造成损失的，依法承担赔偿责任。

《中华人民共和国农产品质量安全法》第三十三条第（二）款规定，农药、兽药等化学物质残留或者含有的重金属等有毒有害物质不符合农产品质量安全标准的农产品，不得销售。如果违反了该条款，将按照《中华人民共和国农产品质量安全法》第五十条规定，责令停止销售，追回已经销售的农产品，对违法销售的农产品进行无害化处理或者予以监督销毁；没收违法所得，并处二千元以上二万元以下罚款。

《中华人民共和国食品安全法》第一百二十四条第（一）款规定，生产经营致病性微生物，农药残留、兽药残留、生物毒素、重金属等污染物质以及其他危害人体健康的物质含量超过食品安全标准限量的食品、食品添加剂，尚不构成犯罪的，由县级以上人民政府食品安全监督管理部门没收违法所得和违法生产经营的食品、食品添加剂，并可以没收用于违法生产经营的工具、设备、原料等物品；违法生产经营的食品、食品添加剂货值金额不足一万元的，并处五万元以上十万元以下罚款；货值金额一万元以上的，并处货值金额十倍以上二十倍以下罚款；情节严重的，吊销许可证。

四、事件启示

1. 严格规范兽药镇静剂的安全生产和使用

生产企业应根据国家标准 GB 31650—2019《食品安全国家标准　食品中兽药最大残留限量》要求，依法生产、经营和使用兽药镇静剂。

2. 加强饲养管理，推进科学化、规模化养殖

推行科学化养殖，改善饲料配比，提高养殖环境，严禁向饲料中添加兽药镇静剂。针对长途运输易出现应激综合征，导致家畜出现精神沉郁或亢奋、发热、疲劳无力、昏迷甚至死亡的现象，采用科学的诊治和预防措施。

3. 加大宣传力度，公开食品中兽药镇静剂残留数据

发挥媒体作用，形成舆论监督的强大社会影响力。加强兽药镇静剂残留对生态环境和人类健康危害的宣传，使全社会充分认识到科学合理用药的重要性。规范兽药镇静剂生产、经营、使用单位的行为，加大宣传、培训和普及科学使用兽药与饲料添加剂方法的力度。做到科学用药，合理用药，对症下药，支持开发和应用天然中草药、有益微生物等制剂。

4. 联合监管执法

建立健全监测体系，公开食品兽药镇静剂残留数据，让消费者及时了解详细信息。

五、关联知识

1. 镇静剂的定义及分类

镇静剂类药物，是临床常用的能使动物中枢神经系统产生轻度抑制、减弱机能活动，从而起到消除躁动不安、恢复安静作用的一类药物[7]。常见的镇静剂按其化学结构式和性质，主要可分为吩噻嗪类、苯二氮䓬类、喹唑酮类和咪

唑并吡啶类等，目前，临床上常用的镇静剂有 30 多种，包括噻吩嗪类的氯丙嗪、异丙嗪，喹唑酮类的安眠酮，咪唑并吡啶类的唑吡坦，苯二氮䓬类的地西泮、硝西泮、奥沙西泮、替马西泮、米达唑仑、三唑仑和艾司唑仑等。

2. 镇静剂残留的危害

非法使用镇静剂类药物会使其原形和代谢产物不可避免地残留于动物源食品中，人们食用了这些食品后会对人体中枢神经系统等造成不良影响，肝脏负担加重，头脑长期昏沉，记忆受影响，运动神经和肌肉功能受到抑制等，因此许多国家都将此类药物列为禁用药物。

3. 容易残留兽药镇静剂的动物种类

大型家畜，如猪、牛、羊、马、驴等均为容易残留镇静剂类兽药的动物，同时为提高新鲜鱼的运输后存活率，鱼也是兽药镇静剂容易残留的种类。

◆ 参考文献 ◆

[1] 关于食品安全监督抽检信息的公示（2020 年第 35 期）[EB/OL]. 长春市市场监督管理局，2020-09-03 [2021-04-06]. http://scjg. changchun. gov. cn/jgsy/spcjxx/202009/t20200903_2508965.html.

[2] 锦江麦德龙长沙天心商场鲫鱼里发现永久残留镇静剂 [EB/OL]. 中国质量新闻网，2020-01-15 [2021-04-06]. http://www. cqn. com. cn/pp/content/2020-01/15/content_8039686. htm.

[3] 四川省市场监督管理局关于 26 批次食品不合格情况的通告（2020 年第 42 号）[EB/OL]. 四川省市场监督管理局，2020-10-09 [2021-06-04]. http://scjgj. sc. gov. cn//scjgj/c104536/2020/10/9/bfd8dad519074e7280c49ba27298d402. shtml.

[4] 重庆市市场监督管理局关于 1074 批次食品安全抽检情况的通告（2021 年第 21 号）[EB/OL]. 重庆市市场监督管理局，2021-04-30 [2021-06-04]. http://scjgj. cq. gov. cn/zfxxgk_225/fdzdgknr/jdcj/spaq_1/jcjgxx/202104/t20210430_9239385. html.

[5] 孙雷，张骊，徐倩，等. 超高效液相色谱-串联质谱法检测猪肉和猪肾中残留的 10 种镇静剂类药物 [J]. 色谱，2010，28（1）：38-42.

[6] 张祖维，李木子，李雪莲，等. 液相色谱-串联质谱法测定猪尿液中地西泮及其 7 种代谢物残留 [J]. 中国动物检疫，2021，38（3）：112-118.

[7] 冯静，邹森，陈曦，等. 超高效液相色谱-串联质谱法检测牛肉中 16 种镇静剂类药物残留 [J]. 食品安全质量检测学报，2019，10（10）：3091-3096.

（本案例由金玉成、冉欢编写）

案例 10

香椿芽亚硝酸盐超标事件

一、事件描述

2019 年 4 月，一则"75 岁老人进 ICU，罪魁祸首居然是一盘香椿炒蛋"新闻报道迅速登上各大网站的首页，引起人们的极大关注[1,2]。报道称，重庆 75 岁的余先生在食用一大盘家常香椿炒蛋后突然出现发抖、发冷症状，同时伴有上吐下泻现象，在匆忙送到医院后，被诊断为由食物中毒而引起的肝脏、肾脏等多器官衰竭，随后住进重症监护室观察治疗。这已经不是第一次因香椿中毒问题引起消费者对食用香椿的担忧。2017 年 4 月 19 日《彭城晚报》报道，江苏徐州的肖先生吃了一盘香椿炒鸡蛋，就感到舌头苏麻，还有点恶心想吐[2]。2017 年 4 月《淇河晨报》也报道称鹤壁市的齐先生和家人采摘了两三捆香椿，用清水反复清洗切碎腌制后做了香椿炒鸡蛋，也出现了食物中毒现象[3]。

二、原因分析

香椿的毒性主要来源于其叶芽从土壤里富集的硝酸盐，硝酸盐可以转化为亚硝酸盐，当人大量食用之后，过量的亚硝酸盐可使正常的血红蛋白（Fe^{2+}）变成高铁血红蛋白（Fe^{3+}），引起组织缺氧，造成急性中毒；亚硝酸盐在人体内还可以合成致癌物质亚硝胺导致慢性中毒[4]。目前导致香椿亚硝酸盐超标中毒的主要原因有以下几点。

1. 生长环境及运输因素

氮是自然界广泛存在的元素，植物在生长过程中可以吸收利用环境中的氮合成氨基酸，而在这个过程中就会产生硝酸盐，此外植物体内的一些还原酶会把一部分硝酸盐还原成亚硝酸盐。香椿硝酸盐和亚硝酸盐的含量与生长环境

（土壤肥料、温度、湿度及光照等）、种植方式、品种等因素均有较大关系。研究表明，对处于生长期的蔬菜施用氮肥尿素，其硝酸盐浓度会明显提高。杨玉珍等[5]分别对来自江苏、四川、湖南、湖北、河南以及陕西六个地方的香椿芽（采收期均为 4 月 1 日、4 月 5 日、4 月 9 日和 4 月 13 日四个时间点）中硝酸盐和亚硝酸盐含量进行测定，结果表明以上地方各批次的香椿亚硝酸盐含量均未超过国家限定标准，但硝酸盐含量较高，范围从 500～3000mg/kg（原料）不等。此外，香椿的不同采收期和运输过程也对硝酸盐和亚硝酸盐的含量有较大影响，一般处于发芽期的香椿硝酸盐和亚硝酸盐含量最低，而后随时间的推移两者含量逐渐升高，一般到 4 月中下旬之后，大部分地区香椿芽中的硝酸盐含量都超过了世界卫生组织和联合国粮农组织标准，不宜再食用[6]。此外香椿在采收之后，经过室温下的存放和长途运输，在呼吸作用和微生物作用的共同影响下，大量的硝酸盐转化成为亚硝酸盐，也会带来一定的安全隐患。

2. 摄入过量

亚硝酸盐食物中毒和亚硝酸盐的摄入量有着直接的关系，食物中毒症状也和摄入量呈正比关系。据报道，不同时期不同种源香椿的硝酸盐及亚硝酸盐含量差异显著，范围分别在 438.58～2950.93mg/kg（原料）之间和 3～900mg/kg（原料）之间[7]。1994 年联合国粮农组织和世界卫生组织规定硝酸盐和亚硝酸盐的每日允许摄入量（ADI 值）分别为 5mg/kg（体重）和 0.2mg/kg（体重）。一个人的体重若为 60kg，则硝酸盐和亚硝酸盐日摄取量最大值分别为 300mg 和 12mg，也就是说，食用 100g 以上香椿可能会导致摄入的硝酸盐或者亚硝酸盐含量达到人体可摄入上限，导致出现头晕、休克等应激性症状。

3. 预处理（烹饪）不当

香椿作为春天的时令菜，可炒可炸，如香椿炒鸡蛋、香椿芽炒鸡丝、炸香椿鱼都是很常见的做法。但是由于一般正常烹饪温度达不到亚硝酸盐的分解温度（320℃），所以直接烹饪后香椿亚硝酸盐含量仍然较高，可能带来一定的安全性隐患。烫漂处理是蔬菜加工预处理过程的重要一环，主要有蒸汽烫漂、热水烫漂和微波烫漂三种方式。研究表明，适当增加料水比或升高热水烫漂温度（如料水比为 1∶25，烫漂水 pH 值为 6～7，烫漂温度 95℃），有利于加快香椿亚硝酸盐溶出；香椿通过蒸汽烫漂 60s，或微波烫漂时间 30s 内（微波功率 160～240W），亚硝酸盐溶出率增加较快。其原因是烫漂破坏细胞生物膜结构，使蔬菜细胞间的物质释放溶出，有助于降低亚硝酸盐含量。此外，烫漂也可以更好地保存香椿的翠绿色，也不会明显影响菜品的风味，可极大地提高食用香椿的安全性[7]。

腌制香椿也是许多人偏爱的美食，但香椿腌制之后，亚硝酸盐的含量会迅速升高。研究表明加入 10％～20％ 食盐的香椿腌制品亚硝酸盐高峰出现在第 3 天和第 25 天，含量远远超过许可标准[8]。而将香椿焯烫之后再腌制可大大减少硝酸盐含量，此外适当延长腌制时间（2～3 周），避开亚硝酸盐高峰，也可降低腌香椿的危险。此外由于香椿是季节性蔬菜，很多人可能在食用前会将香椿冷藏储存起来，以后随吃随取。但研究表明，香椿焯水后冷藏保存，亚硝酸盐含量可以显著低于新鲜冷藏，且在国标限值 20mg/kg（原料）之内，而维生素 C 也得以更好保存，无论是颜色还是风味，都是烫过再冻的香椿更为理想。所以，香椿焯水后再食用，可以大大降低亚硝酸盐含量的摄入，减少对人体健康的危害[9]。

4. 自身体质不适或者过敏反应

医学专家提示，食用香椿过量容易诱发多种潜在疾病，建议慢性疾病患者少食或者不食用；除了亚硝酸盐食用过量和慢性疾病等诱因外，"香椿中毒"还可能是过敏导致的，这需要根据个人体质、食用量、过敏原检测等因素来共同判定。

三、事件启示

1. 加强食品安全知识的普及，引导正确的食物加工和食用方式

本案例中香椿中毒事件就是因为食物加工和食用方式不当，从而导致亚硝酸盐超标中毒。因此需要加强食品安全知识的普及和宣传，让人们了解亚硝酸盐超标的发生原因、危险性以及预防方法，指导人们正确采摘、售卖、购买、加工和食用香椿，减轻对人体造成的损害。科学的预处理及食用方法是对控制硝酸盐含量、保护人体健康的有效补充措施。

2. 加强食品安全风险监测，强化对高风险食品的监督管理

为了杜绝亚硝酸盐中毒，应认真做好当地香椿亚硝酸盐含量的检测工作。对超市及零售香椿的来源、自然环境、采摘时期、新鲜程度及亚硝酸盐含量进行重点监测，加强监督指导，建立严格的卫生检验管理体系和市场准入制度，保证消费者食用安全。

3. 该案例对食品生产加工企业具有重要启示

食品生产企业在加工过程中要注意三个环节：第一，原料控制环节，应对香椿原料重大风险源进行定期或者不定期的检测，严格把控原料质量；第二，生产加工过程控制环节必须规范操作，采用烫漂、蒸煮等预处理方法来降低原料中亚硝酸盐含量，加工过程也避免外源添加亚硝酸盐；第三，检验环节，应对产品成品进行严格的质量把控，并对产品进行定期或者不定期的检测，严格

遵守国家亚硝酸盐残留量限量标准，保证消费者的健康。

四、相关法规

联合国粮农组织和世界卫生组织联合食品添加剂专家委员会（JECFA）规定的亚硝酸盐的每日允许摄入量为 0～0.2mg/kg（体重）。我国卫生部门按 WHO/FAO（1974 年）规定亚硝酸盐的 ADI 值及依据我国食品中亚硝酸盐的含量提出我国食品中亚硝酸盐允许限量的卫生标准 GB 2762—2017《食品安全国家标准　食品中污染物限量》，对亚硝酸盐在蔬菜及其制品腌制蔬菜的限量规定为 20mg/kg（食品）（以 $NaNO_2$ 计）。

食品中亚硝酸盐、硝酸盐限量指标见表 10-1。

表 10-1　食品中亚硝酸盐、硝酸盐限量指标（GB 2762—2017）

食品类别(名称)	限量/(mg/kg)	
	亚硝酸盐(以 $NaNO_2$ 计)	硝酸盐(以 $NaNO_3$ 计)
蔬菜及其制品 　腌渍蔬菜	20	—
乳及乳制品 　生乳 　乳粉	0.4 2.0	— —
饮料类 　包装饮用水(矿泉水除外) 　矿泉水	0.005mg/L(以 NO_2^- 计) 0.1mg/L(以 NO_2^- 计)	— 45mg/L(以 NO_3^- 计)
特殊膳食用食品 　婴幼儿配方食品 　　婴儿配方食品 　　较大婴儿和幼儿配方食品 　　特殊医学用途婴儿配方食品 　婴幼儿辅助食品 　　婴幼儿谷类辅助食品 　　婴幼儿罐装辅助食品 　特殊医学用途配方食品(特殊医学 用途婴儿配方食品涉及的品种除外) 　辅食营养补充品 　孕妇及乳母营养补充食品	2.0[①](以粉状产品计) 2.0[①](以粉状产品计) 2.0(以粉状产品计) 2.0[③] 4.0[③] 2[④](以固态产品计) 2[①] 2[③]	100(以粉状产品计) 100[②](以粉状产品计) 100(以粉状产品计) 100[②] 200[②] 100[b](以固态产品计) 100[②] 100[②]

① 仅适用于乳基产品。

② 不适合于添加蔬菜和水果的产品。

③ 不适合于添加豆类的产品。

④ 仅适用于乳基产品(不含豆类成分)。

检验方法：饮料类按 GB 8538 规定的方法测定，其他食品按 GB 5009.33 规定的方法测定。

亚硝酸盐是致癌物质。本案例中亚硝酸盐是在家庭食品加工中出现，如果是食品生产加工企业出现类似情况，就属于生产经营危害人体健康的物质的行为，依据《中华人民共和国食品安全法》（2018 年 12 月修正）第一百二十四条第（一）款规定，生产经营致病性微生物、农药残留、兽药残留、生物毒素、重金属等污染物质以及其他危害人体健康的物质含量超过食品安全标准限量的食品、食品添加剂，尚不构成犯罪的，由县级以上人民政府食品安全监督管理部门没收违法所得和违法生产经营的食品、食品添加剂，并可以没收用于违法生产经营的工具、设备、原料等物品；违法生产经营的食品、食品添加剂货值金额不足一万元的，并处五万元以上十万元以下罚款；货值金额一万元以上的，并处货值金额十倍以上二十倍以下罚款；情节严重的，吊销许可证。

《刑法》（生产销售有毒、有害食品罪）第一百四十四条：在生产、销售的食品中掺入有毒、有害的非食品原料的，或者销售明知掺有有毒、有害的非食品原料的食品的，处五年以下有期徒刑，并处罚金；对人体健康造成严重危害或者有其他严重情节的，处五年以上十年以下有期徒刑，并处罚金；致人死亡或者有其他特别严重情节的，依照本法第一百四十一条的规定处罚。

五、关联知识

1. 什么是亚硝酸盐？

亚硝酸盐是一种含氮无机化合物，常见的亚硝酸盐有亚硝酸钾和亚硝酸钠，可作为食品添加剂应用于肉制品中。其外观与食盐类似，呈白色至淡黄色，易潮解和溶于水。中国人最早发明使用亚硝酸盐加工禽畜肉以延长肉的保质期。在国家允许添加、残留标准范围内，亚硝酸盐对人体健康无不良影响，但是短时间经口摄入大量亚硝酸盐会对人体健康造成危害，一般成人食用 300～500mg 即可造成中毒，典型中毒症状有头晕头痛、胸闷气短、心悸无力、恶心呕吐、腹痛腹泻及口唇、皮肤、黏膜紫绀等，严重中毒者可昏迷、抽搐、呼吸麻痹，食用 3000mg 可导致死亡。

2. 常见亚硝酸盐中毒原因

根据《国家卫生计生委办公厅关于 2015 年全国食物中毒事件情况的通报》（国卫办应急发〔2016〕5 号），亚硝酸盐、毒鼠强等是化学性食物中毒事件的主要致病因子。其中，亚硝酸盐引起的食物中毒事件 9 起，占该类事件总报告起数的 39.1%。亚硝酸盐导致的食物中毒与性别、年龄无关，也没有明显的季节性和地域分布，且中毒场所以集体食堂、餐饮单位和家庭团体居多。

最主要的亚硝酸盐中毒原因有以下 4 类：一是误食中毒，亚硝酸盐外观与食盐类似，因此可能误将亚硝酸盐当作食盐使用或食用，导致中毒。二是食用的腌制肉制品中亚硝酸盐过量从而中毒，我国多地有家庭自制加工肉制品的习惯（比如云贵川的腊肉、腊肠等），加工过程不当可能导致亚硝酸盐含量超标，食用过量会引起食物中毒。三是食用不新鲜的蔬菜导致中毒，一般贮存过久、腐烂或煮熟后放置过久及刚腌渍不久的蔬菜中亚硝酸盐的含量会有所增加，食用过多容易导致中毒，这也是香椿中毒最常见的因素。四是井水导致中毒，有些地区井水含有较多的硝酸盐（也被称为"苦井水"），饮用这种井水或者利用其煮饭（存放过久）也存在一定的隐患。

3. 香椿亚硝酸盐食物中毒的预防措施

控制香椿中硝酸盐含量的方法主要包括控制源头，控制种植过程（主要是肥料施用），控制采摘时间，合理预处理、贮存和食用等措施[10]。具体为以下几点。

① 经济合理地施用氮肥。在保证蔬菜正常产量的前提条件下，可以适当减少氮肥的施用量；在一定的氮肥用量条件下，可以根据蔬菜本身的营养特点选择合适的氮肥种类，适当调控铵态氮和硝态氮肥的比例，既可保证蔬菜生长良好，也可降低蔬菜硝酸盐含量。

② 选择嫩芽，及时适量食用。发芽期的香椿硝酸盐和亚硝酸盐含量最低，购买香椿应挑选嫩芽（紫红色），在新鲜时期食用。此外，建议一次不可食用过量，每餐以 30～50g 为宜，不吃隔夜蔬菜。

③ 进行食前处理。焯烫不仅可以降低香椿亚硝酸盐和硝酸盐含量，还可以更好地保存香椿的绿色，也不会明显影响菜品的风味。所以无论是贮藏前还是凉拌、炒或炸香椿前，先焯一下水可极大地提高食用香椿的安全性。

④ 腌透后再食用。将香椿焯烫之后腌制 2～3 周，待亚硝酸盐含量已经降低之后再食用。此外腌制过程中加入维生素 C、茶叶、姜、蒜等也可以降低亚硝酸盐的含量。

⑤ 搭配新鲜蔬菜食用。维生素 C 可以帮助阻断致癌物亚硝胺的形成，香椿本身维生素 C 含量高于普通蔬菜水果。此外也可以和其他新鲜蔬菜水果一起吃，尽量减少亚硝酸盐带来的隐患。

◆ **参考文献** ◆

[1] 吴兴雨，雷蕾，曹阔，等. 烹调方法和贮藏方式对香椿和圆生菜中亚硝酸盐含量的影响 [J]. 河北北方学院学报（自然科学版），2019，35（11）：40-45.

[2] 魏欣. 吃香椿炒鸡蛋结果中毒了 [N]. 彭城晚报，2017-04-19.

[3] 钟凯. 吃香椿吃进 ICU，到底是谁惹的祸？[N]. 北京青年报，2019-04-18.

[4] 何思莲，宁芯，王荣芳，等. 玉林市蔬菜亚硝酸盐含量调查及食用安全评估 [J]. 轻工科技，2019，35（8）：6-7+41.

[5] 杨玉珍，彭方仁，曹一达. 不同种源香椿芽硝酸盐、亚硝酸盐及 V_C 含量变化的研究 [J]. 食品科学，2007（6）：48-51.

[6] 乔海涛，时桂英，徐建余，等. 不同采收期红香椿硝酸还原酶活性及亚硝酸盐含量的变化 [J]. 山东农业科学，2016，48（1）：51-53.

[7] 杜德鱼，张贝贝，雷免花，等. 烫漂处理对香椿亚硝酸盐含量及色泽的影响 [J]. 陕西农业科学，2019，65（9）：53-59.

[8] 陈刚，王兰菊，杨子琴. 降低腌制香椿中亚硝酸盐含量的研究 [J]. 郑州轻工业学院学报（自然科学版），2007（1）：36-38.

[9] 宋正蕊. 不同处理方法对香椿中亚硝酸盐含量变化的研究 [J]. 中国检验检测，2019，27（6）：14-15+61.

[10] 陈欣. 香椿芽亚硝酸盐含量变化规律及亚硝酸盐降解技术研究 [D]. 济南：山东大学，2010.

（本案例由明建、王启明编写）

案例 11

肉毒梭菌污染事件

一、事件描述

1958 年，在我国的新疆伊犁察布查尔县，曾流行过一种"怪病"。这种疾病的病症大多是从眼睛开始，患者往往会出现视物重影、头昏头疼、眼睑下垂、声音嘶哑、吞咽困难等症状。患者病情轻重不一，有的会自行痊愈，而严重的患者甚至两到三天死亡，病人们直到去世前，意识都是清晰的。这种疾病，往往发生在春季，患者几乎都是锡伯族人，尤以妇女和孩子居多[1]。

察布查尔，在锡伯语中是"粮仓"的意思。

二、原因分析

为了彻底查清这种疾病，1958 年，我国卫生部组织了一支由 8 人组成的专家组，赴察布查尔县进行调查，主要调查该县发病人数最多的六乡[2]。

专家组中，有一名年轻的成员连志浩同志，他运用流行病学分布论的原理，通过记录、摸索察布查尔病发生的时间、地区、人群等信息，与专家们寻找到了发病规律：

① 疾病只在春天发生，每年的四月和五月是疾病发生的高峰期；

② 在锡伯族各乡，五乡和六乡的患病人数最多，二乡历年来从未发生过该病；

③ 除了一个例外，所有的病人都是锡伯族人；

④ 任何年龄段的人都可能发病，但患者绝大多数是妇女和孩子；

⑤ 疾病家庭散发，也就是患病的家庭之间并没有什么联系，家庭内部也是零星发病。

面对这样特殊的分布，专家们很快就排除了呼吸道、水源以及虫媒传染的可能性，但是这么独特的分布规律，也曾让专家组一度陷入困境。专家组调查的患者数据中，一个例外的情况，让调查得到了转机。当地一位叫作韩某的中俄混血儿，不幸染上了察布查尔病，她的生活习惯，尤其是饮食习惯，和当地锡伯族居民完全一致，这个例外，让专家们将目光聚焦到了饮食上。

专家组推测，如果是由食物引起的中毒，那这应该是一种只有锡伯族人才吃的食物，否则不可能只有锡伯族人患病。

带着这样的疑问，专家组开始逐步排查锡伯族人的日常饮食，发现只有当地锡伯族人吃而其他民族不吃的食物主要有三种：腌猪肉、咸鱼和面酱。针对这样的发现，专家组采取了排除法进行分析。腌猪肉，锡伯族人最近三四年已经不吃了，可以排除！咸鱼，发病多的乡反而吃得少，也可以排除！通过逐步排除后，面酱，成为专家组的重点关注对象。

在当地，面酱被称作"米送乎乎"，是一种历史悠久并深受锡伯族人喜爱的食物，锡伯族人几乎家家户户都会制作。调查过程中，新的疑问产生了：锡伯族人一年四季都会吃面酱，为什么只在春天发病，而其他季节鲜有发病？同样吃面酱，为什么有的乡的人不发病或者发病少，而有的乡却发病人数多呢？为什么吃同样食物的家庭，却多是妇女和孩子得病呢？

专家组推测，会不会是"米送乎乎"的制作过程出现了问题呢？

通过进一步调查，专家组发现：在当地，"米送乎乎"主要由家庭妇女制作，家庭妇女们会在每年的春天制作出足够一年的食用量，"米送乎乎"的制作方法有两种，分别是馒头法和麦粒法。馒头法，就是将面粉做成馒头或者窝窝头样的面块后，蒸熟；而麦粒法，则是将麦粒煮熟。然后，两种方法制作的面酱会有两周左右的时间进行发酵，再将完成发酵的半成品放到屋顶或阳台上进行晒干，等到阴历四月十八日，也就是锡伯族纪念日的时候，使用滚烫的盐水煮沸并搅拌几个小时，便制作完成了可直接食用的"米送乎乎"。

专家组通过调查发现，在从不发病的二乡，都是使用"麦粒法"制作"米送乎乎"，而在发病人数最多的五乡和六乡，绝大多数家庭使用的是"馒头法"制作"米送乎乎"。

使用"馒头法"制作的"米送乎乎"，在发酵过程中会逐渐产生甜味，为了判断发酵程度，妇女们往往靠"尝味"来判断发酵是否完成。而使用"麦粒法"制作的"米送乎乎"，发酵过程中不仅没有甜味，而且在半成品阶段是不能吃的，妇女们在制作过程中不会品尝食用，只是通过肉眼观察半成品的发酵程度。

　　初步调查结果开始出来了，那就是采用"麦粒法"制作"米送乎乎"的地区几乎不发病，而采用"馒头法"制作"米送乎乎"的地区发病率高！

　　通过进一步调查，专家组发现，采用"馒头法"制作的"米送乎乎"有甜味，而且不经过盐水煮沸也可以食用，因此成为了当地小孩们普遍喜爱的零食，小孩们会经常在春天食用。

　　专家组得出了初步结论：采用"馒头法"制作的"米送乎乎"，如果没有经过盐水煮沸，食用或者品尝的人员患病率最高，并且这部分人群就是妇女和儿童。"米送乎乎"在加工为成品时，往往会使用盐水煮沸三到四个小时，毒素很可能在煮沸的过程中被灭活，这也是一家人都吃"米送乎乎"，孩子和妇女发病多的原因。

　　随后的动物实验和细菌学检查发现，中毒原因是曾经被列为怀疑对象的肉毒梭菌污染了"米送乎乎"。但是之前的科学研究，一直认为肉毒毒素只会存在于肉制品中，没有找到这个案例中季节性的食物中毒来源，所以尽管存在怀疑，但却没有证实是肉毒梭菌。这一发现，冲破了当时认为肉毒梭菌只会污染腌腊肉制品的理论，为肉毒梭菌导致的食物中毒研究开阔了新的领域。

　　那么，这个察布查尔病中的肉毒梭菌，又是如何污染"米送乎乎"的呢？

　　① 肉毒梭菌存在于土壤之中，而察布查尔县农民打麦、晒麦均在田地旁的荒地上，很可能是在打麦、晒麦的过程中，肉毒梭菌芽孢污染了麦子，从而导致后期加工的部分面粉含有肉毒梭菌。

　　②"米送乎乎"的制作一般都是在春天进行，当地春季室温在 20℃左右，"米送乎乎"的发酵温度在 26～35℃之间，发酵过程中的温度、湿度和厌氧环境都有利于肉毒梭菌的生长繁殖，肉毒梭菌快速繁殖过程中产生的肉毒毒素从而污染了"米送乎乎"的半成品。

　　③ 肉毒梭菌不耐高温，即使是芽孢，在几个小时的高温盐水煮沸过程中也会完全灭活，所以吃成品面酱，不会出现中毒。

　　④ 在盐水煮沸前，"米送乎乎"的半成品是不含汁的块状固形物，所以不同的"米送乎乎"，甚至是同一块"米送乎乎"的不同食用部位，污染程度都会不一样。另外，不同个体的食用量也会不一样，所以有的患者食用的是毒素含量少的"米送乎乎"，可以自行痊愈，而有的患者食用了毒素含量很高的"米送乎乎"，从而导致了死亡。

　　1958 年，在当季的发病季节，吴朝仁教授等专业人员深入病区，进行历史病例资料分析、寻找患者、搜索中毒食品等一系列调查研究工作，终于证实了所谓"察布查尔病"，就是由于肉毒梭状芽孢杆菌污染了发酵面粉制品，而产生外毒素被人误食而引起的中毒[2]。疾病病因明确后，察布查尔县向群众广泛宣传该病产生的病因、危害性及预防方法，此后多年，察布查尔病逐步销声匿迹。

2003 年 2 月，江苏省淮安市淮阴区宋集庄乡汪渡村发生了一起食用自制豆瓣酱而引起的肉毒梭菌食物中毒事件[3,4]。

三、事件启示

1. 不正确的食物加工和食用方式，可能会产生食品安全隐患

本案例中的察布查尔病是因为发酵过程中，适宜的温度和湿度促进了肉毒梭菌生长，从而导致食物被污染；另外，加工者食用和品尝未彻底熟制的食品，也是这种疾病产生的原因。

2. 加强食品安全知识的普及

现在我国新疆的察布查尔病基本绝迹，其中的重要原因是政府部门加强了食品安全知识的普及和宣传，让当地更多的人了解察布查尔病的发生原因、危险性以及预防方法。

3. 加强食品安全风险监测，强化对高风险食品的监督管理

为了杜绝这种疾病，应认真做好当地食品肉毒梭菌的检测工作，对可能被污染的原料、自然环境和可疑食品进行重点监测，加强对食品生产加工企业的监督指导，尤其是要加大对可能污染肉毒梭菌食品的风险监测。

4. 对食品生产加工企业具有重要启示

食品生产企业在加工过程中要注意三个环节：第一，原料控制环节，应对可能存在重大风险源的食品原料进行定期或者不定期的检测；第二，生产加工过程控制环节，生产过程中必须规范操作，禁止生产者品尝生制品或者半成品；第三，检验环节，应对可能存在重大风险的指标进行定期或者不定期的检测。

四、适用法规

肉毒梭菌属于致病性微生物。本案例的产生是在家庭食品加工中出现，如果是食品生产加工企业出现类似情况，就属于生产经营致病性微生物的食品的行为，依据《中华人民共和国食品安全法》（2018 年 12 月修正）第一百二十四条第（一）款，生产者将承担相应的法律责任。

《中华人民共和国食品安全法》第一百二十四条，违反本法规定，有下列情形之一，尚不构成犯罪的，由县级以上人民政府食品安全监督管理部门

没收违法所得和违法生产经营的食品、食品添加剂，并可以没收用于违法生产经营的工具、设备、原料等物品；违法生产经营的食品、食品添加剂货值金额不足一万元的，并处五万元以上十万元以下罚款；货值金额一万元以上的，并处货值金额十倍以上二十倍以下罚款；情节严重的，吊销许可证：

（一）生产经营致病性微生物，农药残留、兽药残留、生物毒素、重金属等污染物质以及其他危害人体健康的物质含量超过食品安全标准限量的食品、食品添加剂；……

五、关联知识

1. 什么是肉毒梭菌？

肉毒梭菌（拉丁学名：*Clostridium botulinum*），为细菌界，厚壁菌门，梭菌纲，是一种厌氧型的致病菌，在自然界分布广泛，土壤中常可检出，偶亦存在于动物粪便中。它在繁殖过程中分泌肉毒毒素，可抑制胆碱能神经末梢释放乙酰胆碱，导致肌肉松弛型麻痹，是毒性最强的细菌之一。

2. 哪些食物容易导致肉毒梭菌中毒？

肉毒梭菌主要在厌氧及低酸性的食物上生长，加热对于肉毒梭菌具有杀灭作用，因此，容易被肉毒梭菌污染的食品主要具备以下特征：①低酸食品；②无氧条件；③不需加热即直接食用的食品。基于以上分析，肉毒梭菌污染概率较大的食品主要包括：低酸性罐头，如肉酱罐头、鱼类罐头、花生罐头等；香肠，如自制香肠、未加亚硝酸盐的香肠与火腿等；真空包装食品，如真空包装素肉、豆干等；腌渍食品，如自制酱菜、腌肉等。

3. 肉毒梭菌食物中毒的预防和诊断标准

对于容易污染肉毒梭菌的食品，要提高警惕，最好是进行充分加热（蒸、煮、烤）后再食用，防止肉毒梭菌中毒事件发生。肉毒梭菌食物中毒的诊断标准为：

① 进食可疑食品且可疑食品检出肉毒梭菌；

② 中毒食品多为家庭自制发酵豆谷类制品，其次为肉类和罐头食品；

③ 中毒多发生在冬春季；

④ 潜伏期一般为1～7天，病死率较高；

⑤ 典型临床症状：头晕、无力、视力模糊、眼睑下垂、咀嚼无力、张口伸舌困难、咽喉阻塞感、饮水发呛、呼吸困难、头颈无力、垂头等，患者症状轻重程度和出现范围可有所不同，重者兼有吞咽困难及语言障碍等神经中毒症状[5]。

◆ 参考文献 ◆

[1] 蔺春玲，郭莉莎，杨玲，等. 新疆伊犁地区察布查尔病 10 年分布现状调查分析 [J]. 第二军医大学学报，2011，32（5）：572-574.

[2] 王成怀. 我与肉毒梭菌及肉毒中毒 [J]. 微生物免疫学进展，2009，32（2）：1-6.

[3] 张学平，何星，李小娟，等. 30 起肉毒中毒救治案例分析 [J]. 中华预防医学杂志，2010，44（5）：466-467.

[4] 徐洪兵，仲兆军. 一起肉毒梭菌食物中毒调查分析 [J]. 江苏预防医学，2003，14（4）：39.

[5] 中华人民共和国卫生部. 肉毒梭菌食物中毒诊断标准及处理原则. WS/T 83—1996.

（本案例由刘士健编写）

案例12

敌敌畏喷洒火腿事件

一、事件描述

2003 年 11 月 16 日中央电视台新闻频道《每周质量报告》关于"毒火腿"事件的报道一石激起千层浪，引发各界广泛关注，次日金华市工商局查封了两家违法火腿生产企业，调查发现，金华市两家火腿厂违背传统生产工艺规律，反季节生产火腿，导致火腿生虫生蛆，为了驱赶蚊虫苍蝇，竟然使用敌敌畏泡制火腿[1-3]。这两家企业甚至私自伪造检疫部门的公章，随后以金华火腿行业协会、金华市卫生局和质监局为主，对金华市辐射范围内的火腿生产企业开展全面检查，对已在生产的反季节腿全部抽样检测并就地封存。质监局对已查获的千余支毒火腿采取集中焚毁措施，并限期要求被曝光的两家火腿厂召回已出厂的所有反季节火腿。

2004 年 6 月 3 日，浙江省金华市金东区人民法院开庭审理，并当庭作出一审判决。两家火腿厂以生产有毒、有害食品罪判处被告人曹某洪有期徒刑 1 年零 6 个月，缓刑 2 年，处罚金 2 万元；判处被告人曹某平有期徒刑 2 年，并处罚金 2 万元[2,3]（图 12-1）。

至此，敌敌畏喷洒金华火腿事件可确定为个别商家的违法行为，被媒体曝光的两家火腿生产企业制作的是"反季节火腿"，不是正宗的"金华火腿"，两者在原材料选择上、工艺控制上、腌制时间上都有本质区别。

二、原因分析

导致该事件产生的原因分析如图 12-2 概括所示。

① 传统工艺生产一批火腿产品前后共需 9～10 个月，从立冬至次年立秋结束，生产工序和时间按照季节的更替、气候的转变来调整，生产过程需要严

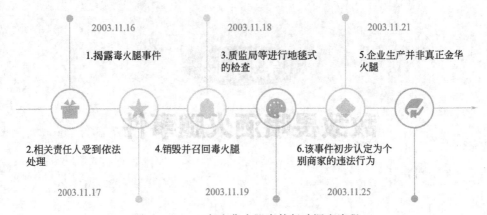

图 12-1　2003 年金华火腿事件行政调查流程

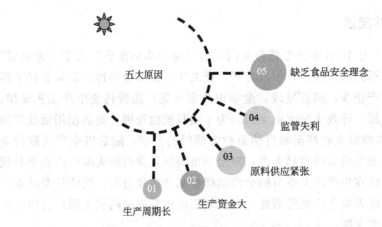

图 12-2　2003 年敌敌畏喷洒金华火腿事件原因分析

格按照低温腌制、中温脱水、高温发酵的要求进行；

② 单位产品占据庞大生产资金和生产面积；

③ 全部厂家集中于立冬开始进行盐腌，因而造成原料供需矛盾，价格随之攀升；

④ 政府和相关部门执法不严、监管失利；

⑤ 某些厂家、经营者缺乏社会责任感，道德底线意识薄弱。

因此黑心商家为实现利益最大化，利用原料差价生产反季节火腿（图 12-3），非科学化更改工艺、缩短周期。传统意义上火腿应在 2～6℃ 的温度下腌制 35 天，10～15℃ 进行挂晒[4]，才充分切合原料腿内源酶作用的特点、生产过程中微生物的消长规律、腌制过程盐分扩散动力学特性，商家反季节火腿的生产温湿度的控制难以把握，28℃ 左右和湿度大于 85% 易生虫。为了防止火腿腐败，在缺少科学理论的指导和科学生产方法的支持下，再加上对食品生产和食品安全的管理监督不力和生产者的道德观念薄弱，导致上述敌敌畏喷洒火腿事件的发生。

图 12-3   正常火腿与反季节火腿工艺时差对照

决定干腌火腿质量的重要因素是原料，优质的原料腿才能制造高品质干腌火腿（图 12-4）。传统金华火腿以"金华两头乌猪"后腿（加工金华火腿原料要求用去势的"金华两头乌猪"或其杂交后代的后腿，病猪、死猪或黄膘猪的后腿不能加工金华火腿）为原料，其脂厚适中、肉质细腻、生长周期长，而目前生产所用原料肥瘦大小不均一，品种混乱[4]。原料的性质已发生重大改变，但生产过程仍使用传统工艺进行操作。

图 12-4   干腌火腿切片

金华火腿盐腌和发酵是影响产品最终得率和风味的关键性步骤，盐腌时的加盐批次和分量是否适宜、发酵过程中的温度和湿度是否控制得当是影响产品质量特征的因素。上盐腌制时如果盐含量低、湿度大、温度高，则原料表面易出现黏液且易变质，盐量大又会对产品风味产生影响[5]。挂晒时，温度、湿度等参数需要精确控制，这决定于原料的传热动力学特性。若脱水程度不适，后期发酵成熟时不易产香，并易腐败变质。调控温湿度参数在发酵成熟过程中非常关键，通过优化改进，可以在保证生产顺利进行、提高酶活和保证原料腿不腐败之间找出最佳温度点，有效缩短工期，逐步稳定提高产品品质。

　　无论从生产厂家自身的利益还是当今的经济学和生产管理学角度来讲，开展全天候生产缩短生产周期是商家也是肉类食品研究者密切关注的问题[6]。如何既能提高企业的经济效益，降低单位生产成本，同时又能提高周期生产效率？这便要求生产企业对传统生产工艺的创新开展科学的实验研究，诸如腌制过程中特征风味微生物菌相分析、内源酶最适生长条件、盐腌动力学特性及对产品质量的影响、特征风味形成机制与酶作用和生化反应之间的联系、温湿度的变化规律及调控技术。新工艺的探索必须经实验、熟化验证后才能运用到规模化生产中。

　　媒体的曝光让原来隐藏的黑暗一角曝光于大众视野之下，从另一个角度看这次事件也可助这个千年老品牌重焕生机，妥善处理，甚至可以极大提高消费者对品牌忠诚度。不负众望的是，该事件被曝光以后，团体行业自律的声音和监管体系的督察显著加强，2008 年通过并修订 GB/T 19088—2008《地理标志产品标准—金华火腿》，有利于地方和企业拿起原产地保护标识武器来保护地方名牌产品。企业标准 T/JHH 0002—2019 的实施促进了火腿生产过程规范化。金华市当地质检部门相关负责人表示必须举一反三，严格执法，加强监督，建立长期有效的管理制度，杜绝类似事件再次发生[7]。更新迭代后，火腿制造技术出现分层现象，形成了目前现代加工工艺和传统加工工艺同时并存互相发展的局面。

　　伴随着工厂化、现代化条件的发展（图 12-5、图 12-6），众多火腿生产企业纷纷引进设备，建设新厂房，进行技术改造，投入机械提升系统、制冷系统、布风系统等[8,9]，为实现设备资源利用率最大化，全年不间断高效生产，这要求在了解内源酶和风味形成机制基础上，对盐腌过程和发酵过程温度、湿度进行准确调控，这样既避免外界环境的干扰，又能快速运转资金。章建浩等跟踪金华火腿传统工艺方法，研究火腿发酵成熟现代工艺、研制工艺装备；按照"强化高温成熟、缩短工艺时间"原则进行了正交试验。实验表明：现代发酵成熟工艺设备能实现进风量、温度和湿度等参数的自动控制，以火腿脱水率为目标函数进行的现代工艺回归优化结果与火腿感官品质评定结果有优良的一致性[10]。研究表明：传统工艺生产出来的火腿其三甲胺氮值是现代工艺火腿的 1.7 倍[7]，再次证实了现代工艺的安全性。

图 12-5　西式带骨干腌火腿生产车间

图 12-6　传统中式干腌火腿发酵车间

　　HACCP 体系与食品安全追溯系统的实施，使金华火腿质量得到保障[11]，金华火腿已实行原产地产品保护，在每只"金华火腿"上都有一个地理标志的标签，通过编号查询，产品真伪和来源信息一目了然。

三、事件启示

1. 加强完善食品安全质量控制体系

　　"毒火腿"事件的发生与质监局的执法不严、监管不力休戚相关，也反映了食品生产和食品安全的管理监督不力,加强完善食品安全质量控制体系刻不容缓。建立长期有效的管理制度是杜绝类似事件发生的关键,应强化对监管人员的监督责任机制,细化对失职监管人员的责任制度,强化失职监管人员的惩罚力度。

2. 提升责任感,加强生产监管

生产者道德观念和食品安全观念薄弱,提升企业家责任感与生产监管缺一不可。生产厂家在利益面前往往胆大妄为,必须培训强化食品产业人员素质,加强行业的自律。通过宣传和教育,让其行业的从业人员全面认识到违规操作不仅让自己无路可走,更使整个行业面临无尽深渊。

3. 传统工艺生产条件与人民日益增加的需求量矛盾突出

1978 年改革开放以来,人民的生活水平得到了极大的提升,火腿的需求量与日俱增,传统工艺自然无法满足,利用传统工艺进行生产的方式弊端日渐显露,矛盾越发突出。

4. 生产者对新工艺、新技术的迫切需要

"毒火腿"的出现就是因为某些生产者用"非科学"的方式生产火腿,这也反映了受自然调节约束的传统工艺已无法符合现代发展需求,也说明了生产者对新型工艺的迫切需要。

5. 地理标志产品保护的重要性

目前金华市火腿业出现问题的原因是监管不严,而背后的深层原因正是商标纷争[12]。由于商标问题悬而未决,让多数企业不得不都依附在金华火腿这个老牌子上。少数几家不法企业惹是生非却可能毁掉整个行业苦心经营的信誉。

6. 危机即转机,火腿行业遇到发展转折点

经过"毒火腿"事件以后,一个有着千年历史的品牌,一下子跌入冷宫。金华市火腿行业因此大整顿,生产厂家处理方法得当。可见,危机之后,如果能够反应及时、亡羊补牢,金华火腿遭遇的危机也是一次转机。

四、适用法规

敌敌畏属于非食品原料,且有剧毒,本案例中在火腿上喷洒敌敌畏违反《中华人民共和国食品安全法》,涉事被告行为甚至触及《刑法》,犯生产、销售有毒、有害食品罪成立。

根据《中华人民共和国刑法》(2017 年 11 月修订版)第一百四十四条

（生产、销售有毒、有害食品罪），在生产、销售的食品中掺入有毒、有害的非食品原料的，或者销售明知掺有有毒、有害的非食品原料的食品的，处五年以下有期徒刑，并处罚金；对人体健康造成严重危害或者有其他严重情节的，处五年以上十年以下有期徒刑，并处罚金。致人死亡或者其他特别严重情节的，依照本法第一百四十一条的规定处罚[13]。

依据《中华人民共和国食品安全法》（2018 年 12 月修正）三十四条，禁止生产经营下列食品、食品添加剂、食品相关产品：（一）用非食品原料生产的食品或者添加食品添加剂以外的化学物质和其他可能危害人体健康物质的食品，或者用回收食品作为原料生产的食品[14]；……

依据《中华人民共和国食品安全法》（2018 年 12 月修正）第一百二十一条，县级以上人民政府食品安全监督管理等部门发现涉嫌食品安全犯罪的，应当按照有关规定及时将案件移送公安机关。对移送的案件，公安机关应当及时审查；认为有犯罪事实，需要追究刑事责任的，应当立案侦查。

依据《中华人民共和国食品安全法》（2018 年 12 月修正）第一百二十三条，违反本法规定，有下列情形之一，尚不构成犯罪的，由县级以上人民政府食品安全监督管理部门没收违法所得和违法生产经营的食品，并可以没收用于违法生产经营的工具、设备、原料等物品；违法生产经营的食品货值金额不足一万元的，处十万元以上十五万元以下罚款；货值金额一万元以上的，处货值金额十五倍以上三十倍以下罚款；情节严重的，吊销许可证，并可以由公安机关对其直接负责的主管人员和其他直接责任人员处五日以上十五日以下拘留：

（一）用非食品原料生产食品、在食品中添加食品添加剂以外的化学物质和其他可能危害人体健康的物质，或者用回收食品作为原料生产食品，或者经营上述食品；……

五、关联知识

1. 金华火腿概况

金华火腿始于唐盛于宋，约有 1200 年的悠久历史，金华火腿经干腌制成[15]，其肌红脂白，肥瘦适中，香气浓郁，是久负盛名的名优特产，素以"形、香、色、味"四绝声名远播，被称为"世界火腿之冠"。金华火腿生产不断发展壮大，金华、衢州两地火腿生产企业最多时有 300 多家，是国内品质最好、影响最大的干腌火腿品种。

2. 敌敌畏的理化特性

敌敌畏又名 DDVP，学名 $O，O$-二甲基-O-（2，2-二氯乙烯基）磷酸酯，有机磷杀虫剂的一种，图 12-7 是敌敌畏分子模型。无色至浅棕色液体，挥发性大，毒性强，可以经皮肤、呼吸道、消化道吸收而导致机体中毒，在水溶液中缓慢分解，遇碱分解加快，对热稳定。2017 年 10 月 27 日，世界卫生组织国际癌症研究机构公布的致癌物清单初步整理参考，敌敌畏在 2B 类致癌物清单中。

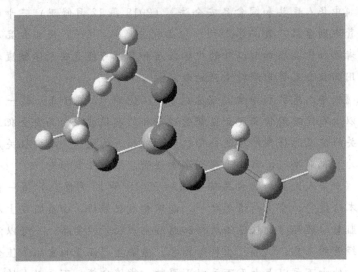

图 12-7　敌敌畏分子模型

3. 敌敌畏中毒后会有什么症状？

敌敌畏中毒后能引起严重神经功能紊乱，尤其是呼吸系统，导致缺氧从而影响生命活动。在临床表现上，最特异性的表现是患者出现瞳孔缩小、口吐白沫等，其他的中毒症状还可以表现为头晕、震颤、惊厥、看东西模糊、大量出汗，患者的交感神经和副交感神经功能紊乱，引起心律失常，甚至可以导致心源性猝死。呼吸功能也会受到巨大影响，导致肺水肿从而加重缺氧，患者可因缺氧或者呼吸衰竭死亡。

4. 敌敌畏中毒怎么紧急处理？

① 皮肤接触　立即将患者送到安全无污染场所，避免皮肤因接触被污染衣服受到二次伤害，用肥皂水或碱溶液彻底清洗污染部位。

② 眼睛接触　用苏打水或生理盐水冲洗。

③ 食入　应立即口服生理盐水，对中毒者进行催吐或用 0.2%～0.5% 高锰酸钾溶液洗胃，并服用片剂解磷毒（PAM）或阿托品 1～2 片，并送至正规医院治疗。

④ 使用　生产操作或农业使用时，建议佩戴自吸过滤式防毒面具（全面罩）和手套。禁止饮水、进食。工作完毕，小心脱下工作服并彻底清洗备用。工作服尽量避免接触重要物品，注意个人清洁卫生。

◆ 参考文献 ◆

[1] 彭锦琼. 金华火腿触礁纪实 [J]. 中国中小企业，2004 (4)：15-16.

[2] 晓谈. 浙江金华"毒火腿"案分析 [J]. 中国牧业通讯，2004 (18)：58-60.

[3] 浙江金华"毒火腿"案昨一审判决两兄弟被判刑 [EB/OL]. 中国新闻网，2004-06-04 [2021-04-06]. https：//www.chinanews.com/news/2004year/2004-06-04/26/444370.shtml.

[4] 郇延军，王霞，赵改名，等. 金华火腿生产现状及创新提高展望 [J]. 肉类工业，2004 (6)：35-40.

[5] 姚璐. 金华火腿品质检测技术与分级方法研究 [D]. 杭州：浙江大学，2012.

[6] 童兵兵，王水嫩. 传统区域品牌保护不力的原因及对策——以金华火腿品牌危机为例 [J]. 浙江树人大学学报，2005 (4)：37-40.

[7] 夏博能. 传统工艺与现代工艺金华火腿的品质比较研究 [D]. 杭州：浙江大学，2016.

[8] 黄冠颖. 论传统区域品牌的现代化跨越：以金华火腿为例 [D]. 金华：浙江师范大学，2011.

[9] Zhou C Y, Wu J Q, Tang C B, et al., Comparing the proteomic profile of proteins and the sensory characteristics in Jinhua ham with different processing procedures [J]. Food Control, 2019：106694-106694.

[10] 章建浩，唐志勇，曾发，等. 金华火腿发酵成熟现代工艺及装备研究 [J]. 农业工程学报，2006 (8)：230-234.

[11] 徐国阳. 金华火腿工业化生产工艺与 HACCP 应用 [J]. 肉类工业，2013 (3)：9-12.

[12] 我国首例商标权与地理标志权冲突案——"金华火腿"案 [J]. 中华商标，2018 (2)：35-37.

[13] 中华人民共和国刑法（2017 年修订版）.

[14] 中华人民共和国食品安全法（2018 年修正）.

[15] 韦何雯，尹中. 金华火腿的研究现状及发展趋势 [J]. 肉类工业，2012 (4)：46-49.

（本案例由朱秋劲编写）

皮革奶事件

一、事件描述

2009年有人向国家质检总局食品司写信举报浙江的某食品企业生产皮革奶,而后浙江省质监局对该食品企业进行突击检查,当场查获3包20kg无标签白色粉末,经鉴定该粉末为皮革水解蛋白粉,对该食品企业生产的8个批次的乳制品进行检测,发现该企业生产的3个批次的成品、2个批次半成品的乳饮料中的确含有皮革水解蛋白[1]。皮革奶涉及的产品可包括乳、乳制品、含乳饮料。

二、原因分析

我国规定的蛋白质检测方法为GB 5009.5—2016《食品安全国家标准 食品中蛋白质的测定》,其中蛋白质的检测方法基本都是先检测产品中氮的含量,然后再乘以氮换算为蛋白质的系数最终计算产品蛋白质的含量[2]。因此有个别人会人为添加非食品原料以提高乳及乳制品含氮量,最终达到乳及乳制品中检出的蛋白质含量更高的目的。

水解蛋白粉一般是指经过水解工艺加工而成的蛋白质,在加工的过程中将大分子蛋白质进行切割,使其变成小分子蛋白质或者是游离的氨基酸。具体操作方法为蛋白质加热变性,使蛋白质的分子构象改变趋于伸展,使肽键暴露,容易被蛋白酶水解,然后经脱色、浓缩、干燥、粉碎成水解蛋白粉。如小麦水解蛋白粉是以面粉为原料提取的可溶性植物蛋白,鱼类水解蛋白是以全鱼或鱼的某部分为原料,经浓缩、水解、干燥获得的产品。优质的水解蛋白粉对幼儿、青少年、老弱病人等特定人群均有一定的好处。如将水解蛋白粉和谷类食物搭配成营养食品,改变各种食品中蛋白质的成分,不但能强化食品营养,而且可以提高食品中氨基酸的吸收与利用率。随着人口的增长和人们生活水平的提高，人们对食用蛋白质需求越来越大，一直在寻找新食品蛋白质资源，解决蛋白质不足问题。目前学术界比较认可的新型蛋白质包括油料蛋白、单细胞蛋白、昆虫蛋白、叶蛋白等，而水解蛋白则是一个可以尝试的方向。

一般市场上的奶粉都将经过水解过后的蛋白质作为其中主要的营养物质存在。根据其水解程度的不同，人们习惯性将蛋白奶粉分为三种类型，即未水解蛋白奶粉、部分水解蛋白奶粉、完全水解蛋白奶粉等。完全水解蛋白奶粉可以治疗婴幼儿牛奶蛋白过敏病症：一些婴儿生下来的时候就对牛奶蛋白有过敏现象，如果婴幼儿肠胃过敏或者有严重的腹泻现象，那么建议不要选择未水解蛋白奶粉，可以选择部分水解蛋白奶粉或完全水解蛋白奶粉作为婴幼儿的主食进行食用，就可以很好地解决婴幼儿牛奶蛋白过敏病症这个问题。部分水解蛋白奶粉可以预防婴幼儿长期便秘，因为现在大多数婴幼儿都是食用配方奶粉，因此便秘已经成为大多数婴幼儿的共性，父母不妨给婴幼儿食用一些部分水解蛋白奶粉，部分水解蛋白奶粉有助于帮助婴幼儿消化以及预防婴幼儿长期便秘。

皮革下脚料甚至动物毛发等物质原料，经水解工艺可做成皮革水解蛋白粉。皮革水解蛋白粉中含有较高的氨基酸、明胶或蛋白质，没有经过鞣制、染色等人工加工处理过的皮革进行水解得到的皮革水解蛋白粉本身对人体并没有多大的害处。但商业利益的驱使这种未经鞣制、染色等人工加工处理过的皮革水解蛋白粉基本是不存在的，因为经过鞣制、染色等人工加工处理过的皮革比直接制作成"蛋白粉"利润要高得多，因此"皮革水解蛋白粉"大多是用皮革厂制作服装、皮鞋后的下脚料来生产，这种"皮革水解蛋白粉"中就会混入大量皮革在鞣制、染色过程中添加进来的重铬酸钾和重铬酸钠等有毒物质。

铬元素是动物体中必需的微量元素，铬元素对维持人体的各项生命活动有非常重要的功能，铬元素的主要功能是帮助提高胰岛素葡萄糖进入细胞内的效率，维持身体中所允许的正常葡萄糖含量。因此，铬元素能作为身体内的血糖调节剂，具有预防糖尿病的功能。铬元素常以三价铬或六价铬的形式存在。正常情况下，人们每天摄入 $20\sim30\mu g$ 的三价铬，就完全能够满足身体机能的需求。如果是高血糖、糖尿病人，适当多补充三价铬，对病情有一定改善作用。但是，一旦过量摄入铬元素，也会引起中毒，与三价铬相比，六价铬的毒性较强，大约是三价铬毒性的 100 倍，通常铬中毒会引起肾脏、肝脏、神经系统和血液中的病变，严重的话还可能导致死亡。

那么正是乳制品中非法加入皮革水解蛋白粉生产的皮革奶中含有大量的重铬酸钾和重铬酸钠等有毒物质，因此皮革奶的安全性为大家所诟病，生产皮革奶的企业的主要动机包括：

① 降低生产成本 有的不合格的生乳蛋白质含量小于 $2.8g/100g^{[3]}$，可以通过添加皮革水解蛋白粉从而使蛋白质含量达到国家规定的要求，比如灭菌乳的国家标准 GB 25190—2010《食品安全国家标准 灭菌乳》规定灭菌乳中牛乳的蛋白质含量需 $\geqslant 2.9g/100g$，羊乳的蛋白质含量需 $\geqslant 2.8g/100g^{[4]}$。

② 提高利润 人为提高生产的乳制品中蛋白质的含量，以通过宣传产品中蛋白质含量高进行销售和营利。市面上有些乳制品企业会宣传自己生产的产品中蛋白质含量为三点几克每百克，当然有部分乳制品产品本身蛋白质含量的确能达到这个要求。不管是牛乳还是羊乳，其生乳中蛋白质的含量和产乳牲畜品种、饲养条件、季节等多种因素有关。因此，并非所有的生乳中蛋白质含量都能高达三点几克每百克，大多数情况还是处于正常水平。但有的商家为了盈利就会人为添加非食品原料比如皮革水解蛋白粉，提高牛奶含氮量，达到提高其蛋白质含量检测指标的目的。

三、事件启示

1. 加强食品安全风险监测，强化乳制品的监督管理

为了杜绝皮革奶，应认真做好当地乳制品的检测工作，目前我国对皮革水解蛋白粉检测方法已经相当成熟，如皮革奶的快速检测。另外皮革水解蛋白与三聚氰胺一样都是添加剂，但是其检测难度比三聚氰胺更大，因为它本来就是一种蛋白质。目前农业农村部规定的检测方法，主要是检查牛奶中是否含有羟脯氨酸，这是动物胶原蛋白中的特有成分，乳酪蛋白中则没有，所以一旦验出，则可认为含有皮革水解蛋白。乳制品的监管是非常重要的，近年来发生的三聚氰胺、皮革奶、安徽阜阳大头娃娃事件都引起了人们极大的关注，因为乳制品一旦出问题，波及范围广、造成的伤害大，对受害者的影响不可弥补，特别是对婴幼儿的危害可能是伴随终生，无数的家庭受害。因此强化乳制品的监督管理是重中之重。

2. 该案例对食品生产加工企业有重要启示

食品生产企业在加工过程中要注意：第一，原料控制环节，应对采购的原料进行检测，可在原料验收环节加入皮革水解蛋白的快检；第二，生产加工过程控制环节必须规范操作，禁止非法添加非食品原料；第三，出厂检验环节，应再次对皮革水解蛋白进行检测。皮革奶事件最典型的案例是浙江金华市该乳业有限公司，该企业从 2008 年 10 月份开始生产皮革奶，截至 2009 年 4 月 23 日下午，该企业共有 1874 箱含乳饮料被检测出含有皮革水解蛋白，因生产皮革奶浙江金华市该乳业有限公司被查封，法定代表人、副总经理、车间主任因

涉嫌生产、销售有毒、有害食品罪被依法刑事拘留，最终被移送检察机关提请批准逮捕[5]。

3. 建立企业"吹哨人"制度，加强食品监管

对于食品企业的违法违规生产，作为食品企业的生产人员或者从业人员是能够最早了解和发现相关情况的人，监管部门以及社会都应该大力鼓励食品企业的生产人员或者从业人员积极投诉举报食品生产企业的违法违规情况，让他们勇敢站出来，做吹哨人，给予吹哨人相应的保护和奖励。如何建立"吹哨人"制度，实际上也是新的食品安全法的要点。

四、相关法规

本案例的产生主要是在食品生产加工企业出现，依据《中华人民共和国食品安全法》第一百二十三条第（一）款[6]，生产者将承担相应的法律责任。

第一百二十三条，违反本法规定，有下列情形之一，尚不构成犯罪的，由县级以上人民政府食品安全监督管理部门没收违法所得和违法生产经营的食品，并可以没收用于违法生产经营的工具、设备、原料等物品；违法生产经营的食品货值金额不足一万元的，并处十万元以上十五万元以下罚款；货值金额一万元以上的，并处货值金额十五倍以上三十倍以下罚款；情节严重的，吊销许可证，并可以由公安机关对其直接负责的主管人员和其他直接责任人员处五日以上十五日以下拘留：

（一）用非食品原料生产食品、在食品中添加食品添加剂以外的化学物质和其他可能危害人体健康的物质，或者用回收食品作为原料生产食品，或者经营上述食品；……

五、关联知识

1. 什么是皮革奶？

皮革奶是通过添加皮革水解蛋白从而提高牛奶含氮量，达到提高其蛋白质含量检测指标的牛奶。

2. 皮革奶的辨别方法

① 从味觉上区分，新鲜牛奶的奶香浓郁、奶腥味较大；相反，掺进杂物的牛奶奶香寡淡，奶腥味较小。

② 将牛奶与水掺和在一起，如果混合后出现固状物，则说明牛奶不新鲜。

③ 把一滴牛奶滴在指甲上，若在指甲上形成球状，就证明牛奶是新鲜的；若一滴落在指甲上就流散，则表明牛奶不新鲜。

④ 从颜色方面进行区分，新鲜牛奶呈乳白色。陈牛奶，色泽淡黄，且陈牛奶上有水状物析出。

◆ 参考文献 ◆

[1] 叶建良. 涉嫌违法添加非食用物质"晨园乳业"已被立案查处 [EB/OL]. 浙江在线新闻网站, 2009-04-02 [2021-04-06]. https://zjnews.zjol.com.cn/05zjnews/system/2009/04/02/015395356.shtml.

[2] 中华人民共和国国家卫生和计划生育委员会, 国家食品药品监督管理局. 食品安全国家标准 食品中蛋白质的测定: GB 5009.5—2016.

[3] 中华人民共和国卫生部. 食品安全国家标准 生乳: GB 19301—2010 [S].

[4] 中华人民共和国卫生部. 食品安全国家标准 灭菌乳: GB 25190—2010 [S].

[5] 袁爽, 汪恩民. 浙江"晨园乳业"三名企业责任人被批准逮捕 [EB/OL]. 中国新闻网, 2009-04-27 [2021-04-06]. https://www.chinanews.com/gn/news/2009/04-27/1666250.shtml.

[6] 中华人民共和国食品安全法（2018 年修正）.

（本案例由肖洪编写）

苏丹红虽美但很危险

案例14

苏丹红事件

酥脆的炸鸡，鲜嫩的鸡肉，佐以鲜艳耀眼的川味辣酱配料包，这样美味而生动的宣传广告常见于我们身边的炸鸡餐厅，让人不由得食指大动，争相买单来一饱口福。然而在 2005 年，一场震惊全国的食品安全事件却在素来以注重食品安全的某餐厅爆发，而罪魁祸首，就是藏在辣酱包中的苏丹红[1]。

一、事件描述

2005 年 2 月，英国食品标准署在官方网站上公布了一份通告：30 家企业的 359 种食品中可能含有具有致癌性的工业染色剂苏丹红一号[1,8]。随后，一场声势浩大的查禁"苏丹红一号"的行动席卷全球，我国也不例外。2005 年 3 月 2 日，北京市政府食品安全办公室向公众通报，经检测确认，广东某公司生产的辣椒酱中含有"苏丹红一号"，成为国内首次发现含有苏丹红一号的食品[2-4]。

2005 年 3 月，相继从某连锁餐厅的烤翅、长沙某品牌风味辣椒萝卜、河南某品牌辣椒粉等食品中发现了"苏丹红一号"[3]。国家质检总局公布的数据显示（2005 年），全国共有 18 个省市 30 家企业的 88 个样品中都检测出了工业用染色剂——苏丹红一号[4]。

与此同时，针对苏丹红一号的地毯式检查也在全国范围内展开。苏丹红究竟从何而来，隐藏在哪里，如何进入的食品加工链条？全国各地监管部门带着这些疑问，埋头扎入检查工作中。

二、原因分析

2005 年 3 月 16 日，某餐饮公司发表公开声明，宣布其烤翅和鸡腿堡调料中被发现含有"苏丹红一号"，国内此餐饮公司旗下所有餐厅已停止出售这两种产品，同时销毁所有剩余调料，总裁就此向公众致歉。2005 年 3 月 17 日，此餐饮公司上游供应商、食品调味料生产企业某食品公司发表声明，称其已将所有红色原材料和产品送官方机构检验。结果表明，其上游原料供应商某香料公司提供的两批红辣椒粉被检出含有"苏丹红"成分[5,6]。

然而该香料公司对此结果并不认可，并提出公司绝对没有在产品里添加苏丹红，并且用于生产的辣椒也并非公司自己生产。

一筹莫展之际，全国各地对其他产品的追踪溯源也有了进展，各条线索密布铺开，一张清晰的蓝图展现出来，问题根源直指广州。

广州市质量技术监督局稽查处处长，是该市追查苏丹红源头调查组的主要负责人之一。问题产品均未在生产过程中添加苏丹红，而产品中却莫名其妙出现了此成分，唯一的可能就是有一家在广州的企业，站在产业链的最上游给全国其他企业供货，最终导致了这样的局面。由此，他决定从所有"涉红"企业的原料供应商身上打开缺口。

经过仔细的排查了解之后，调查组发现，国内最早被查出含有苏丹红一号的广东某（简称 C）公司生产的辣椒酱原材料来自于广州的两个公司简称 A、B，其中 A 公司送检的辣椒精里发现了苏丹红一号。辣椒精是用一种名为"辣椒红一号"的食品添加剂制作而成，对辣椒红一号再进行追踪后发现，该产品是广州 B 公司生产的。

事不宜迟，调查组立即出发，在广州增城市正果镇距离公路四五百米远的地方找到了 B 公司。令人吃惊的是，这家辣椒供应源头企业竟然只是两三间简陋的平房，废弃瓶罐散落遍地，仅有的一台生产设备也是老旧破烂，而且这家公司加上老板总共也只有四五个员工。然而就是这样一家生产条件极其简陋的小厂房，却能向十多个省市的 100 多家企业提供用于生产辣椒油、辣椒粉等产品的复合食品添加剂[7]。

经过稽查人员持续的攻心较量，老板终于承认辣椒红一号是将从化工城买的油溶黄和油溶红混合制成的。稽查组将扣押的油溶红和油溶黄送到广州质量检验研究所的食品实验室，最后检出来油溶黄中苏丹红一号的含量为 98%[8]，证明了 B 公司是使用苏丹红一号作为添加剂添加到辣椒红一号里面的。

真相大白，之前停滞的线索迅速连成一片。广州 B 公司生产出的辣椒红一号复合食品添加剂（含有苏丹红一号），被河南驻马店某调味品公司购进，生产出某牌特级辣椒粉，卖给了安徽某公司。经过简单的包装后又卖给了某香料公司，经过加工后成为中辣度辣椒粉，供给某餐饮公司的原料供货商——某食品公司使用，做成了某牌香辣鸡腌料，最终导致该餐饮公司的产品中出现苏丹红一号。而广州 A 公司也是因为购买了 B 公司生产的辣椒红一号作为原料，致使自己的产品辣椒精也含有了苏丹红一号，这种辣椒精正是广东 C 公司生产辣椒酱的主要原料。

由此，国家质检总局最终确认，广州 B 公司是"涉红"食品的最终源头。随后，该公司的两个主要涉案人员于 2005 年被公安部门刑拘，并于次年宣判。其中一人犯生产、销售伪劣产品罪，判处有期徒刑十五年，并处罚金人民币 230 万元。另一人犯生产、销售伪劣产品罪，判处有期徒刑十年，并处罚金人民币 100 万元[9]。

三、适用法规

适用于《中华人民共和国食品安全法》（2018 年修正）[10] 第一百二十四条第（一）款的规定。

第一百二十四条，违反本法规定，有下列情形之一，尚不构成犯罪的，由县级以上人民政府食品安全监督管理部门没收违法所得和违法生产经营的食品、食品添加剂，并可以没收用于违法生产经营的工具、设备、原料等物品；违法生产经营的食品、食品添加剂货值金额不足一万元的，并处五万元以上十万元以下罚款；货值金额一万元以上的，并处货值金额十倍以上二十倍以下罚款；情节严重的，吊销许可证：

（一）生产经营致病性微生物，农药残留、兽药残留、生物毒素、重金属等污染物质以及其他危害人体健康的物质含量超过食品安全标准限量的食品、食品添加剂；……

四、事件启示

1. 建立健全源头追溯制

可以看到，在这次全国范围内的检查行动中，相关食品监管单位对苏丹红源头一追到底，严肃追究相关机构和负责人的责任，全力维护消费者合法权益的做法，是值得称赞的。但追查过程也暴露出在源头追溯方面的缺陷。如今已进入大数据时代，万物互联已不再是幻想，建立食品生产流通销售一条龙式监管通道已具备基本的技术条件。拥有完善的产品追溯制度，才能最快最准地查找问题根源，同时反向对不法商贩产生震慑作用，使其不敢以身试法。

2. 提早防范，主动出击

此次苏丹红在全国范围内大面积流通，却并没有在生产和流通环节被及时发现，而是在形成最终成品且被食用后的环节上发现的，这反映了相关部门监管工作的滞后性、被动性。若能提前发现，及时制止，把问题消灭在萌芽里，便能减少经济损失和人员伤害，将不良社会影响降到最低。

3. 加强食品安全宣传科学性

不可否认，苏丹红的确具有一定的致癌性，但摄入食品中微量存在的苏丹红，其危害并没有想象的那么大。国内媒体反复炒作、持续加热此话题，用感性而非理性来进行新闻报道，有失新闻媒体的本职所在。媒体应当配合政府，从科学理性的角度出发，保证公众知情权的同时避免导致民众过度恐慌，做到科学引导、报道真相、答疑解惑。

4. 生产企业建立健全自查自检制度

生产企业对于上游企业的盲目信任导致了产品有问题却不自知的现象发生。加强原料控制，定期或不定期地对上游原料进行自查自检是防范问题发生的有效策略。

五、关联知识

1. 苏丹红

苏丹红又名苏丹，1896 年由科学家达迪命名并沿用至今。它是一种人工合成的偶氮类化工染色剂，主要为机油、鞋油、油彩、彩色蜡等工业产品染色，不能作为食品添加剂使用。根据结构式的不同将其分为苏丹红Ⅰ、Ⅱ、Ⅲ和Ⅳ四种类型，它们都具有偶氮结构，而正是这种偶氮结构的存在，决定了苏丹红具有致癌性这一特点。

苏丹红Ⅰ   苏丹红Ⅱ

苏丹红Ⅲ   苏丹红Ⅳ

　　早在 1995 年欧洲各国家已禁止将苏丹红作为色素添加在食品中，我国也从未批准苏丹红作为食品添加剂使用。然而总有利欲熏心的商家铤而走险，他们看中了苏丹红颜色鲜艳、对光不敏感、不易褪色的特点，用它来解决染色食品因长期放置而变色的问题，进而提高了产品售卖价格，获取不当利润，走上违法犯罪的道路。

2. 苏丹红的致癌性

　　苏丹红一号含有偶氮苯，被人体摄入后降解为致癌物——苯胺。过量苯胺直接作用于肝细胞，诱发基因变异，从而增加肝脏致癌的危险。苏丹红一号另一种代谢产物——萘酚对皮肤、黏膜、眼睛有强烈的刺激作用，如果体内吸收剂量过大时还会引起出血性肾炎。

3. 苏丹红的致癌等级

　　国际癌症研究机构（IARC）把化学致癌物分为 4 个等级：人类致癌物（一级）、人类可能致癌物（二级）、动物致癌物（三级）以及非人类致癌物（四级）。其中苏丹红Ⅰ、Ⅲ、Ⅳ被归类为三级致癌物，苏丹红Ⅱ被归类为二级致癌物。

4. 苏丹红的致敏性

　　苏丹红一号对皮肤具有致敏性，可引起人体皮炎。例如印度妇女日常使用某牌化妆品点在前额作为妆容，有人在涂抹此化妆品后却得了过敏性接触性皮炎。后经分析发现，此品牌中有 3 个产品可检测到苏丹红一号的存在。

5. 苏丹红鉴别方法

　　① 将食品泡入水中观察是否掉色。苏丹红不溶于水，易溶于有机溶剂如氯仿等。若明显不与水相溶则很有可能添加了苏丹红。

　　② 鉴别辣椒粉中是否含有苏丹红。取一点辣椒粉与食用油混合，放置几小时后观看，若颜色过于鲜艳靓红，则有可能加了苏丹红。

6. 红心鸭蛋

　　2006 年 11 月，北京市工商部门发现产自河北的"红心"咸鸭蛋含有苏丹红四号，它的毒性比苏丹红一号更强[11,12]。后经调查确认，是农户在饲料中添加了苏丹红四号，导致鸭蛋中含有了此色素。商家利用消费者喜爱红心蛋的心态炮制人工蛋，但实际上鸭蛋蛋黄无论红、黄营养价值是一样的。

◆ 参考文献 ◆

[1] 苗丹丹. 盘点 2005 食品安全五大新闻事件 [J]. 中外食品，2006 (1)：74.

[2] 左佰常. 围剿苏丹红 [J]. 健康博览, 2005 (5): 10-12.

[3] 徐楠轩. 从"苏丹红"事件看我国食品信息溯源制度的建立 [J]. 中国卫生法制, 2007, 15 (6): 7-9.

[4] CCTV 〈焦点访谈〉. 追查"苏丹红"[EB/OL]. 央视网, 2005-04-05 [2021-04-06]. http://www.cctv.com/news/china/20050405/102253.shtml.

[5] 晓琴. 肯德基公布苏丹红调查结果 [J]. 中国食品与市场, 2005 (4): 39.

[6] 杜岩. 肯德基"苏丹红事件"[J]. 现代阅读, 2012: 71.

[7] 葛素表. 专家认为"涉红最终源头"被确认为时尚早 [EB/OL]. 中国经济网, 2005-04-15 [2021-04-06]. http://www.ce.cn/cysc/sp/gdxw/200504/15/t20050415_3620121.shtml.

[8] 曹晶晶. 谢婷婷. 苏丹红一号源头生产商涉嫌销售伪劣产品今受审 [EB/OL]. 中国经济网, 2006-04-17 [2021-04-06]. www.ce.cn/weather/200604/17/t20060417_6718369.shtml.

[9] 李朝涛, 穗法宣. 广州"苏丹红案"主犯判 15 年刑被告称"不公"[EB/OL]. 中国新闻网, 2006-08-26 [2021-04-06]. https://www.chinanews.com/other/news/2006/08-26/779901.shtml.

[10] 中华人民共和国食品安全法 (2018 年修正).

[11] 中华人民共和国国家卫生和计划生育委员会. 食品安全国家标准 食品添加剂使用标准: GB 2760—2014 [S].

[12] 吴庆才. 北京在冀鄂两地红心鸭蛋中查出苏丹红暂扣吨余 [EB/OL]. 中国新闻网, 2006-11-14 [2021-04-06]. https://www.chinanews.com/cj/news/2006/11-14/820611.shtml.

（本案例由李贝贝编写）

牛奶污染金黄色葡萄球菌事件

一、事件描述

2000 年 6 月，日本大阪、东京及周边县大面积发生人员呕吐、腹泻、腹痛等症状，很快惊动了政府相关部门。经查证，此次严重的食品安全事故是消费者饮用了日本某公司生产的低脂肪牛奶所致[1,2]。据统计，从 2000 年 6 月 26 日到 7 月 10 日的近半个月内，共有近 1.4 万人因饮用该公司生产的产品而中毒发病，该事件被定性为日本战后最大规模的危害公共安全事件[3,4]。

二、原因分析

为了查清此次疾病爆发原因，大阪市政府派出人员全力调查。根据此次疾病爆发的情况总结，主要呈现以下特点：

（1）爆发人数在短时间内急剧上升，但持续时间较短；

（2）发病人大多表现为急性肠道疾病，主要表现为呕吐、腹泻、腹痛等；

（3）病例与食用某种食物有关，都是在食用日本某牌牛奶后表现出症状；

（4）人与人之间不直接传染。

根据以上特征可以初步确定为食物中毒。

为了查清中毒原因，大阪市立公众卫生研究所的工作人员特地到当地患者家里，收集来 30 个纸盒中喝剩的该牌低脂肪牛奶进行检验，发现其中含有金黄色葡萄球菌。附近的歌山县首府和歌山市卫生研究所的检验也得出了同样结论。

那么，具有如此大规模生产的某牌牛奶为什么会污染金黄色葡萄球菌呢？相关部门立即对该公司牛奶整个生产加工过程做了调查。调查发现在生产加工过程中，该公司的加工环境、仪器设备、人员卫生控制等都存在问题。

1. 加工环境

日本警方询问工厂相关人员时,得知工厂的生产环境恶劣,使用器具未按照要求清洁和放置。

2. 仪器设备

大阪地区该公司生产工厂对于设备的清洗未进行定期清洗。大阪市立公众卫生研究所的工作人员通过对该厂所有低脂肪牛奶加工设备共 95 处的全面检查,从在暂时保管剩余低脂肪牛奶的大罐下部阀门处抠出有一枚硬币大小的干奶块,也发现其中含有金黄色葡萄球菌[2]。按工厂有关卫生方面的规定,所有设备须每周清洗一次,对阀门部分须拆开清洗。但是经检查工作日志发现,在6 月 2 日开始使用之前的 3 周内一直没有清洗,同月 23 日清洗后仍没有将干奶块去掉,这足以说明清洗工作不彻底,最终导致产品污染,消费者食物中毒[2]。

3. 人员卫生

生产厂的工作人员对于退还的乳产品进行空手开封等不规范操作。金黄色葡萄球菌来源广泛,可能是工作人员皮肤伤口等携带金黄色葡萄球菌,操作不规范等原因致使产品污染金黄色葡萄球菌。

4. 生产管理

牛奶,牛奶,请注意金黄色葡萄球菌的危害!

另一方面,该公司的管理存在问题。早在 2000 年 3 月 31 日,该公司设在北海道大树町的大树工厂停电 3h,重新启动生产线时,公司并未对其加热器中的牛奶作废弃处理,而是把剩奶作为原料生产了脱脂奶粉。阀门未定期清洗,加之停电 3h,温控系统停止操作,创造了一个适合金黄色葡萄球菌生长繁殖的环境,金黄色葡萄球菌进一步产生肠毒素,从而造成食用此批次牛奶的顾客食物中毒,给2000 年 6 月份的大规模中毒事件埋下隐患[1]。

三、事件启示

1. 企业生产加工过程控制环节必须规范操作

日本该公司前期未对停电期间的剩余牛奶进行废弃处理,设备未按时清洗,对退还的产品空手进行开封等不规范行为,造成牛奶中滋生金黄色葡萄球菌。

食品生产加工过程中要严格按照食品安全标准规定要求进行操作,不可图一时之利而违背生产原则,否则造成的食品安全问题不堪设想。日本此次事件,不仅使消费者的饮食健康受到威胁，而且企业苦心经营多年的品牌信誉在短短一个月的时间就降到最低，造成了消费者与企业的双输局面。

2. 企业应完善并加强质量监督管理制度，防止重大卫生安全问题

多次食物中毒事件的发生，证明企业管理制度存在巨大漏洞。此次日本牛奶中毒事件中，到底是被污染的产品未进行微生物学检测还是指标不合格的产品仍然流入了市场，目前不得而知，但是，该企业质量监管制度不健全或监管力度不够，确实是暴露在公众面前的事实。

企业应该完善管理制度，认真做好各项监测工作，对可能被污染的环境、原料、加工环节、仪器设备和可疑食品进行重点监测，加强对食品生产加工企业的监督指导，尤其要加大对可能污染食源性致病菌的风险监测。在加工过程中或在市场流通中发现产品检验的某些指标不符合食品安全标准时，应以消费者利益为重，自觉把控出厂产品的质量，主动召回不合格产品，对引起中毒事件的潜在风险应严加防范。

3. 企业应加强对设备的维护管理并建立应急措施

该日本牛奶公司在面对重大事件发生时，应积极采取相应的紧急措施，如对内调度通知组织人员分析原因，寻求解决方案，对外召回产品，公布信息和事件进展，以"为消费者负责，为社会负责"的态度来正面解决实际问题。

任何时候对食品生产机器的维护、清洗、消毒工作都不能忽视。

四、相关法规

此次事件发生后，日本政府吸取经验教训，在 2003 年制定并实施了《食品安全基本法》，主要包括风险评估、风险管理、风险信息沟通、成立食品安全委员会等措施[3]。《食品安全基本法》是对食品中存在的或潜在的物理、化学和生物危害进行评估，然后根据具体情况制定相关政策，最后再进行风险交流，确保制定过程公正透明，也及时了解到多方面的信息。此外，日本政府还修订了《食品卫生法》，建立了以 HACCP 系统为基础的全面的卫生控制系统。日本《食品卫生法》还规定，违法者可判处相应的有期徒刑和罚款等。

五、关联知识

1. 认识金黄色葡萄球菌

金黄色葡萄球菌在显微镜下通常呈葡萄串状存在，是一种无芽孢、无鞭毛、大多数无荚膜的革兰氏阳性菌，广泛存在于土壤、空气、粪便、污水及食物中，甚至在 20%～30% 的健康人的鼻腔、皮肤表面等部位也有存在[5]。金

黄色葡萄球菌的致病性因菌株特性而存在差异。医学上，主要在皮肤溃烂及化脓性病灶等部位检测到具有致病性的金黄色葡萄球菌，可引起创伤化脓和呼吸道感染。而引起食物中毒的金黄色葡萄球菌通常是在污染食品后，在适宜的条件下生长繁殖并产生肠毒素，进而引起食物中毒。目前已发现金黄色葡萄球菌产生的肠毒素有 23 种，以其中 5 种经典肠毒素为主[6]。其中，肠毒素 A 被证实与 80% 以上金黄色葡萄球菌引起的食物中毒事件有关[7]。肠毒素 A 耐热性强，煮沸 1～1.5h 仍保持其毒力。因此，一般的烹饪方法不能将其完全破坏，食用后亦可能引起食物中毒。

金黄色葡萄球菌可在干燥环境中存活数月，对环境的耐受性强。耐热性强，70℃加热 1h，80℃加热 20min 也不能完全杀死菌体；耐低温，在冷冻食品中不易死亡；耐高渗透环境，在含有 50%～66% 蔗糖或 15% 以上食盐食品中才可被抑制。在 50℃ 以内，均可以产生产肠毒素，温度越接近 37℃，产生得越快。在通风不良、氧分压低条件下，含蛋白质丰富、水分多且含一定淀粉的食物等，均易生成肠毒素。

2. 金黄色葡萄球菌的污染食物条件和途径

由金黄色葡萄球菌污染引起中毒的食物种类很多，主要是熟肉、乳、蛋及相关制品，其次为含乳冷冻食品和淀粉类食品。

金黄色葡萄球菌污染食品的主要途径包括：①原材料加工前已经染菌，加工杀菌不彻底；②原材料交叉污染，或局部感染接触到胴体其他部位造成污染；③熟食和即食食品包装不严或破损，在运输过程中造成二次污染；④加工或销售人员带菌，生产操作不规范造成食品污染；⑤销售过程温度过高，售卖场所人员复杂，卫生条件不能保证。因此，保证各个环节的操作规范，才能有效杜绝食品的污染。

3. 金黄色葡萄球菌食物中毒的诊断标准

① 呈季节分布，多见于春、夏、秋季；

② 潜伏期为进食 2～3h，病程为 1～2 天；

③ 中毒食品种类多，如肉、乳、蛋、鱼及其制品、剩饭、油煎蛋、糯米糕及凉粉等；

④ 人畜化脓性感染部位常为污染源；

⑤ 典型临床表现为恶心、呕吐、腹痛等，患者症状轻重程度不同。

4. 金黄色葡萄球菌食物中毒预防措施

① 严格把控食品原材料质量，防止引入污染源；

② 从事畜禽宰割以及厨房加工分切的操作人员，应严格避免伤口感染；

③ 从业人员也应特别注意个人卫生和操作卫生，凡患有化脓性疾病及上呼吸道炎症者，应禁止其从事直接食品加工和供应工作；

④ 对生产仪器设备严格按照生产规范操作，定时清洗并彻底消毒，不留死角，如阀门、垫圈、喷嘴等处，应经常检测是否有污物残留、结垢等现象发生；

⑤ 在低温和通风良好的条件下贮藏食物，以防肠毒素形成；

⑥ 在气温高的春夏秋季，食物置于冷藏或通风阴凉地方也不应超过 6h，且食用前要彻底加热。

◆ 参考文献 ◆

[1] 辛暨梅. 以质量监管为基础的企业危机防范——基于"日本雪印牛奶中毒"事件的思考 [J]. 战略决策研究，2011 (4)：60-67.

[2] 王大军. 日本食品安全神话的破灭：雪印牛奶骚动始末 [J]. 中国经贸导刊，2000 (14)：41.

[3] 汪江连. 论日本《食品安全法》制度变迁及对完善我国食品安全法的借鉴意义 [J]. 河南省政法管理干部学院学报，2006，21 (3)：40-41.

[4] 江小凝. 食品维权从"雪印牛奶事件"开始 [EB/OL]. 中国新闻网，2008-11-04 [2021-04-06]. https：//www. chinanews. com/life/news/2008/11-04/1436948. shtml.

[5] van Belkum A, Verkaik N J, de Vogel C P, et al. Reclassification of *Staphylococcus aureus* nasal carriage types [J]. J Infect Dis, 2009, 199 (12)：1820-1826.

[6] Argudin M A, Mendoza M C, Rodicio M R. Food poisoning and *Staphylococcus aureus* enterotoxins [J]. Toxins (Basel), 2010, 2：1751-1773.

[7] Hennekinne J A, De Buyser M L, Dragacci S. Staphylococcus aureus and its food poisoning toxins：characterization and outbreak investigation [J]. FEMS Microbiol Rev, 2012, 36 (4)：815-836.

（本案例由吴倩编写）

案例16

地沟油事件

一、事件描述

2001年，中央电视台曾对呼和浩特市"地沟油"流入食品环节的事情进行了曝光，这是目前可见到的最早的关于地沟油的报道。而2010年3月17日《中国青年报》登出一则武汉工业大学何东平教授对我国"地沟油"存在现状及其危害后果的一组数据的报道（"围剿地沟油"文章），则使"地沟油"事件在全国上下引起了广泛关注[1,2]。

2011年9月4日的《新闻直播间》节目，报道了一起特大地沟油案件。

2011年3月，浙江省宁海县公安局民警接到群众举报，说他们村周围总是有一股异常的气味。民警跟踪发现，原因是一对夫妇在这里偷偷炼制地沟油，并经黄某夫妇，卖给浙江、山东的一些化工企业。其中一个是山东的某生物公司，该公司工商信息为生物柴油生产企业。但经黄某供述，这个企业收购商要测油脂当中的酸价。而用地沟油炼制生物柴油，不需要测酸价，只有生产食用油才需要测定酸价，且该公司对地沟油的收购价格远高于市场价格。因此，侦查员将该生物公司的一些样品带回权威部门，经检测，证明其生产的油脂中含多种有害物质。经大量调查，专案组确定山东该生物公司是打着生产生物柴油的幌子，生产地沟油，而这些地沟油经简单的物理分离后，直接作为成品油流入食品市场。最终，专案组抓获犯罪嫌疑人32名，查扣地沟油加工的食用油100余吨[3,4]。

台湾警方2014年9月4日通报，查获一起以"馊水油"（中国内地俗称"地沟油"）等回收废油混制食用油案件。涉案嫌疑人用回收馊水油和皮脂油等混制成食用油，低价销售给台湾知名厂商，后者制成"全统香猪油"上市贩售，从2014年2月至8月间共出产劣质猪油782t[5,6]。

　　截止到 2014 年 9 月底，台湾地沟油事件，波及多家食品生产企业，其中不乏一些知名企业，台湾有媒体以"全岛沦陷"形容此次事件的恶劣影响。

　　2016 年安徽池州贵池分局查获一起违法生产销售地沟油案件。犯罪嫌疑人陈某、张某经营炸制烤鸭生意，为获得高额利润，2014 年至 2016 年期间，两人将炸制烤鸭的废弃油脂再次加工，得到"烤鸭油"，销售给江某父子。而江某父子则将"烤鸭油"用于炸串销售给消费者。经贵池区法院一审判决，依法以生产销售有毒有害食品罪，判处陈某、张某 1 年有期徒刑，缓刑 2 年，并处罚金 1 万元；以销售有毒有害食品罪判处江某 10 个月有期徒刑，缓刑 1 年，罚金 1 万元，江某儿子 1 年有期徒刑，缓刑 2 年，并处罚金 1 万元[7]。

二、原因分析

　　由于中国居民传统的饮食习惯，中式烹饪中对于油脂的用量较大，地沟油可以说是我国居民餐饮消费的一个特殊的产物。但地沟油事件有其深刻复杂的成因。

　　① 表面上看，是一些不法分子或商贩，从经济利益的角度出发，非法回收加工废弃油脂，导致废弃油脂又进入了餐饮环节。

　　② 随着我国的发展，人们的环保意识越来越强。对于废弃餐饮油脂，许多城市试行谁制造谁付费的方法，餐厅需要缴纳高额的垃圾回收费用。餐厅不愿意承担这一部分成本，进而对废弃油脂私自处理，为地沟油的产生提供了源头。

　　③ 油脂的成分特殊。对于地沟油检测，至今没有一个权威、有效的方法可以上升到国家标准层面，导致检测部门没有权威的检测依据，也就难以对地沟油进行有效检测，更多的情况下只能依靠群众举报的线索，或者去餐厅现场执法检查来查处地沟油。

　　④ 相关部门监管不足。餐饮行业的监管归市场监管局，但是地方市场监管部门对于餐饮行业的检查是偶然性的而不是常态性的，并且监管部门经常人手不足，因此就导致对餐饮业地沟油的监管存在力不从心的情况。

　　⑤ 我国餐饮行业浪费严重。国民的消费习惯问题，在餐厅点餐经常会超量，导致大量饭菜的浪费，而这些浪费的食物，是地沟油产生的另一个根源。

　　⑥ 国家层面没有建立完善的餐饮用油的处理环节。日本、德国等国家，餐饮行业的废弃油脂由政府部门统一回收利用，这样就有效避免了废弃油脂重新流入市场的可能性。而我国长期以来没有对于油脂购买、使用、回收的闭环

链，为地沟油的产生提供了可乘之机。

三、相关法规

根据《国务院办公厅关于进一步加强"地沟油"治理工作的意见》（国办发〔2017〕30号）的规定[8]，"地沟油"一般是指餐厨废弃物、肉类加工废弃物和检验检疫不合格畜禽产品等非食品原料生产、加工的油脂。按照这个规定，地沟油一般可以分为以下几种[9,10]：

一是潲水油或泔水油，主要是指酒店、餐馆的剩饭、剩菜以及下水道中居民生活废水经分离得到油腻漂浮物，再经过简单加工处理得到的油。我国人口众多，餐饮业发达，潲水油是地沟油来源中数量最大、危害最大的一种。

二是劣质动物油脂，这类油脂是指劣质猪肉、猪内脏、猪皮以及各种家禽动物和水产动物的脂肪、内脏和皮加工及提炼后副产的各种工业油。

此外，也有人将煎炸废油（俗称老油），即用于油炸食品的油使用超过一定次数后，再被重复使用或者是往其中添加一些新油后重新使用的油，划归到地沟油的范畴。

《中华人民共和国食品安全法》（2018年修正）[11]第三十四条明确规定：禁止生产经营用非食品原料生产的食品或者添加食品添加剂以外的化学物质和其他可能危害人体健康物质的食品，或者用回收食品作为原料生产的食品。

如有违反，其法律责任适用于第一百二十三条第（一）款：

《食品安全法》第一百二十三条，违反本法规定，有下列情形之一，尚不构成犯罪的，由县级以上人民政府食品安全监督管理部门没收违法所得和违法生产经营的食品，并可以没收用于违法生产经营的工具、设备、原料等物品；违法生产经营的食品货值金额不足一万元的，并处十万元以上十五万元以下罚款；货值金额一万元以上的，并处货值金额十五倍以上三十倍以下罚款；情节严重的，吊销许可证，并可以由公安机关对其直接负责的主管人员和其他直接责任人员处五日以上十五日以下拘留：

（一）用非食品原料生产食品、在食品中添加食品添加剂以外的化学物质和其他可能危害人体健康的物质，或者用回收食品作为原料生产食品，或者经营上述食品；……

而根据最高人民检察院、最高人民法院、公安部2012年联合发布的《关于依法严惩"地沟油"犯罪活动的通知》[12]中则给出了地沟油犯罪活动所适用的刑法的范畴：对于利用"地沟油"生产"食用油"的，依照刑法第一百四十四条生产有毒、有害食品罪的规定追究刑事责任。

同时，最高人民法院、最高人民检察院《关于办理危害食品安全刑事案件适用法律若干问题的解释》中第九条也规定：在食品加工、销售、运输、贮存等过程中，掺入有毒、有害的非食品原料，或者使用有毒、有害的非食品原料加工食品的，依照刑法第一百四十四条的规定以生产、销售有毒、有害食品罪定罪处罚。

而对于生产、销售有毒、有害食品罪，我国《刑法》[13] 第一百四十四条规定，在生产、销售的食品中掺入有毒、有害的非食品原料的，或者销售明知掺有有毒、有害的非食品原料的食品的，处五年以下有期徒刑，并处罚金；对人体健康造成严重危害或者有其他严重情节的，处五年以上十年以下有期徒刑，并处罚金；致人死亡或者有其他特别严重情节的，依照本法第一百四十一条的规定处罚。结合第一百四十一条之规定，致人死亡或者有其他特别严重情节的，处十年以上有期徒刑、无期徒刑或者死刑，并处罚金或者没收财产。

综上，有关地沟油的犯罪，最高可以判处无期徒刑甚至是死刑。

我国川渝地区人民喜食火锅，长期以来，某些火锅店回收"老油"，用于制作新的火锅锅底。而结合《食品安全法》以及《关于依法严惩"地沟油"犯罪活动的通知》，这一行为可以被认为是生产、销售有毒、有害食品罪，并且近几年全国各地司法机关已经有了多起宣判的案例。

除了上述各法律、法规之外，国务院以及各地方人民政府也有相关的通知、办法出台，如《国务院办公厅关于加强地沟油整治和餐厨废弃物管理的意见》（国办发〔2010〕36 号）、《国务院办公厅关于进一步加强"地沟油"治理工作的意见》（国办发〔2017〕30 号）等，这些法规均为进一步防范"地沟油"犯罪活动，提供了法律依据。

四、关联知识

1. 测定方法

国务院卫生行政部门及办公厅曾经分别于 2011 年 12 月和 2017 年 6 月，面向全社会公开征求"地沟油"检验方法。但是截至目前，仅有一些文章报道过某些地沟油的实验室检测结果，国家对其检测与鉴定还没有发布官方的检测方法。目前报道的检测方法主要有以下几种。

（1）常规理化指标检测

在油脂的烹饪过程中，碘值、酸价、过氧化值等内在性质会发生改变，可以根据这些指标的变化来判断油脂是否合格，但是由于地沟油的加工技术越来越先进，单靠这些指标检测，无法准确区分地沟油[14]。

（2）电导率和金属离子检测

正常的食用植物油属于非导电物质，电导率极低。而"地沟油"在收集、提炼、加工过程中混入大量的酸败游离产物（如调味品和餐具洗涤剂等），也有可能接触过金属器皿或者管道等，从而大大提高了油脂的电导率和金属离子浓度。

（3）动物源性的检测

动物油脂中普遍含有较高含量的胆固醇，而植物油中含量则微乎其微。"地沟油"是烹饪用油，其中含有较高含量胆固醇的可能性比较大。因此，针对植物油而言，可以通过检测胆固醇含量来判断其是否属于地沟油[15]。

（4）辣椒碱成分检测

人们在菜肴中常常加入辣味和香味等调味品。辣椒碱是引起辣味的主要化学成分，有脂溶性强、稳定性好、沸点高等特点，目前"地沟油"加工工艺很难完全去除。正常食用油基本不含有辣椒碱，但接触过辣味调料的餐厨油脂则难以避免含有这类成分。因此可以通过检测油脂中的辣椒碱含量来判断是否属于地沟油。

（5）脂肪酸相对不饱和度检测

食用植物油中存在大量的不饱和脂肪酸，地沟油在回收及加工提炼过程中部分不饱和脂肪酸被氧化。因此脂肪酸相对不饱和度降低，明显小于同类食用植物油。

（6）醛、酮类等挥发性成分检测

地沟油在回收、加工及提炼过程中由于高温加热，会产生有毒、有害的醛、酮类挥发性成分，可以通过检测这些成分来进行辨别。但是随着地沟油精炼程度提高，绝大部分挥发性成分可被去除。因此，对于深度精炼的地沟油掺假检测，醛、酮类等挥发性成分指标检测精度不高[15]。

2. 地沟油加工过程及危害

一般油脂的加工过程为先将原料进行前处理，经压榨法、浸出法或水剂法制得毛油，毛油经过精炼，主要是除杂、脱胶、脱酸、脱色、脱臭等步骤，制得精炼油。天然成分的油脂，成分以甘油三酯为主，其中有害成分极少。但是由于地沟油是二次用油，在初次使用的时候，难免要经过高温烹饪过程，因此其酸价、碘值、过氧化值会发生变化。而随着地沟油加工技术的进步，也经过了过滤、脱酸、脱色、脱臭等处理，经过精炼，它的微生物指标、水分指标、颜色指标、酸价指标等能做到符合国标，看起来比较正常[14]，很难辨别。

但是地沟油的最大危害并非来自"地沟"，而是来自多次加热和氧化。植物油并不耐热，炒菜、油炸的温度高达 $160 \sim 300$℃，油脂受热发生反式异构化、热氧化、热裂解、环化、醚化、聚合等多种反应。其中的维生素 E 和必需脂肪酸受破坏，而有害的反式脂肪酸持续增加，饱和脂肪增加，油脂氧化聚合和环化产物增加，并且加工过程会引入苯并芘、杂环胺、丙烯酰胺等致癌物。已有研究发现，这种多次加热的油与很多疾病都有关系，比如脂肪肝、高血脂、高血压、克罗恩病、胆囊炎、胃病、肥胖，甚至可能增加患心脏病和多种癌症的危险[16]。

3. 地沟油的再利用途径

虽然在食品工业中，严禁回收利用地沟油再进行食品生产，但是地沟油的主要化学成分是高级脂肪酸甘油酯，可以通过一定的化学方法进行回收加工，如催化后分解为高级脂肪酸和甘油，再经过深度加工制成洗衣粉、生物柴油、甘油等多种产品。

◆ 参考文献 ◆

[1] 王贝贝. "地沟油"事件的成因分析以及法律对策 [D]. 济南：山东大学，2012.

[2] 蒋昕捷. 围剿地沟油 [N/OL]. 中国青年报，2010-03-17 [2021-04-06]. http://zqb.cyol.com/content/2010-03/17/content_3138166.htm.

[3] 延明. 特大地沟油案告破"济南格林生物"制售黑窝点被捣毁 [EB/OL]. 齐鲁网，2011-09-13 [2021-04-06]. http://news.iqilu.com/shandong/yaowen/2011/0913/552119.shtml.

[4] 黄金. 宁波中院开审特大"地沟油"案 黑色产业链触目惊心 [N/OL]. 宁波晚报，2012-8-23 [2021-04-06]. http://daily.cnnb.com.cn/nbwb/page/50/2012-08-23/A5/29761345655368277.pdf.

[5] [视频]台湾地沟油事件持续发酵 [EB/OL]. 央视网，CCTV-13 新闻频道共同关注栏目，2014-09-20 [2021-04-06]. https://tv.cctv.com/2014/09/20/VIDE1411208816328681.shtml.

[6] 台湾地沟油事件：波及 235 家厂商统一等知名企业中招 [EB/OL]. 观察者网，2014-09-06 [2021-04-06]. https://www.guancha.cn/local/2014_09_06_264653_s.shtml.

[7] 王齐斌. 池州市首例地沟油案告破 4 名无良商贩被判刑 [EB/OL]. 法制网，2017-12-12 [2021-04-06]. http://sx.legaldaily.com.cn/content/2017-12/12/content_7418416.htm.

[8] 国务院办公厅. 国务院办公厅关于进一步加强"地沟油"治理工作的意见 [EB/OL]. 中华人民共和国中央人民政府网，2017-4-15 [2021-04-06]. http://www.gov.cn/zhengce/content/2017-04/24/content_5188553.htm.

[9] 邹君，姜雪，梁丹丹，等. 地沟油的危害及合理利用 [J]. 吉林医药学院学报，2015，36 (4)：296-299.

[10] 李臣，周洪星，石骏，等. 地沟油的特点及其危害 [J]. 农产品加工，2010 (6)：69-70.

[11] 中华人民共和国食品安全法（2018 年修正）.

[12] 最高人民法院、最高人民检察院、公安部关于依法严惩"地沟油"犯罪活动的通知（公通字 [2012] 1 号）. 2021 年 1 月 9 日.

[13] 中华人民共和国刑法（2020 年版）.

[14] 管卓龙. "地沟油" 鉴别技术 [J]. 现代食品，2016 (19)：68-71.

[15] 孙通，许文丽，刘木华，等. 地沟油鉴别的研究现状与展望 [J]. 食品工业科技，2012，33 (24)：418-422.

[16] 范志红. 地沟油真比砒霜毒百倍？[J]. 少年儿童研究，2010 (13)：36-38.

（本案例由刘小飞编写）

案例17

塑化剂饮料事件

一、事件描述

2011 年 4 月，中国台湾岛内卫生部门例行食品抽检时，发现一款益生菌粉末中含有塑化剂，深入调查发现，塑化剂是因为生产时使用了某香料公司所供应的"起云剂"而带入的[1]。此次污染事件一经曝光，便引起轩然大波，搅动了包括大陆在内的整个食品行业，波及之广、规模之大为历年罕见，而揭露此次污染事件的，是一名普通的质检员，两个孩子的母亲[2]。

2011 年 3 月初的一天，在台湾打击伪药期间，台湾一位检验员杨女士像往常一样开始了检验工作。当天，她负责检验一种由台南市卫生局送检的、号称可减肥的益生菌是否含有西药减肥成分。这样的例行检验杨女士早就习以为常，她熟练地使用薄层色谱和气相色谱对送检样品进行检测。检测结果显示，所有规定的检测项目均符合要求。然而，细心的杨女士发现，除了规定检测项目的讯号之外，仪器上还有一些其他的波峰讯号，一般检验员会因检测项目结果合格，就到此为止，不再进一步化验，但作为一个长期关注儿童食品的母亲，益生菌中出现的异常讯号让她立刻警觉起来。杨女士主动提出检验要求，利用下班时间不断追查、抽丝剥茧，将这个异常讯号与各种物质的图谱进行了一一比对，最终杨女士发现，该讯号物质竟然是不该出现在食品中的塑化剂 DEHP，学名邻苯二甲酸二（2-乙基己基）酯。后续定量分析结果更让人震惊，送检的益生菌粉中 DEPH 的浓度高达 600mg/kg，比台湾地区规定的塑料制品中的 DEPH 最高限量还要高 400 倍[3]（中国台湾：卫生署修正草案《食品器具容器包装卫生标准》要求塑胶食品容器中的 DEPH 在正庚烷中的溶出限量标准须在 1.5mg/kg 以下。本例中检出为 600mg/kg，故文中写高 400 倍）。塑化剂可以增加塑料的可塑性、提高塑料的强度，是一种在塑料生产中广泛使用的高分子材料助剂，但如果大量摄入可能导致不孕等生殖系统问题，长期大量摄入甚至可能致癌。塑化剂不是食品添加剂，不能在食品生产中使用，食品检测中也没有"塑化剂"这项指标。因此，检验数据一出，立即引起了台湾有关部门的注意。

二、原因分析

益生菌粉中的 DEHP 是哪里来的呢？会不会是益生菌粉的包装材料释放出了塑化剂？为慎重起见，细心的杨女士又花了两个星期，对益生菌的薄膜包装材料进行了检测，结果显示，包装膜是聚乙烯材质，而聚乙烯材料是不会溶出大量的塑化剂 DEHP 的。也就是说，益生菌粉并没有受到包装材料的污染，DEHP 是益生菌粉中本就含有的。

中国台湾当局沿着益生菌生产厂商提供的线索，最终将塑化剂来源锁定在台湾地区最大的起云剂供应商——成立于 1994 年的某香料有限公司。据台湾有关方面调查，台湾该香料有限公司为了降低生产成本，将 DEHP 等邻苯二甲酸酯类物质代替棕榈油添加到"起云剂"中，从而导致使用了该公司所产"起云剂"作为原料生产的食品、饮料等都受到不同程度污染。"起云剂"是台湾地区对复配食品乳化稳定剂的称呼，起云剂常用于乳制品及饮料的生产，主要作用是促进食品乳化，同时可以改善产品口感和其他感官品质，通常是由阿拉伯胶、乳化剂、棕榈油及多种食品添加物混合而制成。为了降低产品成本，从 1996 年 1 月起，该香料公司就采用塑化剂代替棕榈油添加到"起云剂"中。截至 2011 年 5 月 16 日，该公司共计贩卖 458 次给 16 家下游厂商，所贩卖的起云剂及果酱香料总重有 102.244t。许多台湾知名品牌都卷入这场重大的食品安全危机之中，产品涉及运动饮料、果汁、茶饮、果酱果冻、胶囊锭状粉状等5 大类食品，甚至连儿童调味糖浆、板蓝根等药品也未能幸免。

2011 年 5 月 24 日，中国台湾地区有关方面向中国大陆国家质检总局通报，发现台湾某香料有限公司制售的食品添加剂"起云剂"含有塑化剂 DE-HP，该"起云剂"已用于 500 多种饮料等产品的生产加工。2011 年 6 月 1 日晚，卫生部发布紧急公告，将塑化剂邻苯二甲酸酯类物质列入食品中可能违法添加的非食用物质和易滥用的食品添加剂名单。与此同时，国家质检总局发布公告，自 2011 年 6 月 1 日起暂停购买台湾方面通报的问题产品生产企业生产的运动饮料、果汁、茶饮料、果酱果浆、胶囊锭状粉状类产品和食品添加剂；对允许购买的上述台湾产品必须凭台湾方面有资质的实验室出具的不含邻苯二甲酸酯的检验证明报检，否则暂停进口[4,5]。

"塑化剂事件"为整个食品行业敲响了警钟。

三、事件启示

1. 强化法律意识，杜绝违法添加

食品生产企业应严格遵守禁止使用邻苯二甲酸酯类塑化剂的有关规定。卫生部 2011 年第 16 号公告将邻苯二甲酸酯类物质列入第六批"食品中可能违法添加的非食用物质"黑名单。邻苯二甲酸酯类物质不是食品原料，也不是食品添加剂，严禁在食品、食品添加剂中人为添加[6,7]。

2. 加强原辅料品质管控

食品生产者应加强原辅料管控，建立并严格落实原辅料供应商审核和进货查验记录制度。对采购的可能含有塑化剂的原辅料，无法提供合格证明的，要开展塑化剂项目检验，防止带入塑化剂的隐患。

3. 减少塑料制品在生产环节的使用

在生产过程中，要尽量避免使用塑料管道、塑料设备和塑料容器。特别是对于油脂类、酒类食品生产企业，使用塑料材质的设备设施、管道、垫片、容器、工具等，不得含有塑化剂，以避免食品接触污染。鼓励使用不锈钢材质的设备设施、管道、容器、工具等。

四、相关法规

《食品安全国家标准　食品接触材料及制品用添加剂使用标准》（GB 9685—2016）规定，DEHP 从食品包装材料迁移到食品的特定迁移限量（SML）为 1.5mg/kg，邻苯二甲酸二丁酯（DBP）限量为 0.3mg/kg。

《卫生部办公厅关于通报食品及食品添加剂邻苯二甲酸酯类物质最大残留量的函》（卫办监督函〔2011〕551 号）[8] 规定：食品、食品添加剂中 DEHP、DINP（邻苯二甲酸二异壬酯）、DBP 最大残留分别为 1.5mg/kg、9.0mg/kg 和 0.3mg/kg。

2019 年 11 月 3 日发布的《市场监管总局关于食品中"塑化剂"污染风险防控的指导意见》[7] 指出：酒和其他蒸馏酒中 DEHP 和 DBP 的含量，分别不高于 5mg/kg 和 1mg/kg；油脂类、酒类食品中 DEHP、DINP、DBP（白酒、其他蒸馏酒除外）最大残留量分别为 1.5mg/kg、9.0mg/kg、0.3mg/kg。

五、关联知识

1. 什么是"塑化剂"？

塑化剂又称增塑剂，添加到塑料聚合物中可以提升塑料的可塑性。"塑化

剂事件"中被台湾某香料有限公司添加到起云剂中的是邻苯二甲酸酯类物质。邻苯二甲酸酯类物质包括邻苯二甲酸二（2-乙基己基）酯（DEHP）、邻苯二甲酸二异壬酯（DINP）等[9]。

2. 塑化剂对健康的危害

DEHP 的急性毒性较低，偶然误食含有少量 DEHP 或 DINP 污染的食品不会对人体造成危害。但是，部分邻苯二甲酸酯类物质具有干扰内分泌的作用，长期大量摄入会影响生殖与发育，引起致畸遗传，导致性早熟，影响生殖能力，同时增大心血管疾病风险。塑化剂又被称为"环境荷尔蒙"，可以影响人体荷尔蒙含量，导致人体内分泌失调，如果塑化剂在人体内不断蓄积，可能会引起一系列的不良反应，比如胎儿畸形、组织癌变、细胞突变等[10]。

3. 进入体内的塑化剂能排出吗？

动物试验表明，在 24～48h 内，绝大部分 DEHP 会随尿液或粪便排出体外，48h 之内如果不再继续食用含有 DEHP 的食物，体内 DEHP 浓度就会快速下降，72h 内 85% 的 DEHP 会随粪便排出，其余部分则由尿液排出。

4. 人群每天摄入 DEHP 或 DINP 的安全限量是多少？

对于 60kg 的成人，世界卫生组织、美国食品药品监督管理局和欧盟分别认为，终身每人每天摄入 1.5mg、2.4mg 和 3.0mg 及以下的 DEHP 是安全的；DINP 的毒性更低，即使每人每天摄入 9.0mg 也是安全的。因此，偶然误食含有少量 DEHP 或 DINP 污染的食品不会对人体造成危害。

5. 人群接触塑化剂的途径

增塑剂在塑料产品中使用广泛，在生活中很普遍，所以 DEHP 会在空气、水中等环境广泛存在。研究证实，DEHP 可以经口、呼吸道、静脉输液、皮肤吸收等多种途径进入人体。食品储存过程中也会有微量增塑剂从包装材料中迁移到食品中，但合格的塑料包装材料迁移量不应超出有关标准。

6. 类似事件

2012 年 11 月 21 世纪网报道某酒品牌厂商所产商品塑化剂超标 2.6 倍，仅一天时间，该品牌股票临时停牌，白酒股票遭受重挫，许多知名白酒品牌纷纷卷入塑化剂超标风波[11]。

2016 年 1 月，山东省济南市食药监局对全市 19 家本地企业生产的食用植物油塑化剂问题进行风险监测，有 8 家企业生产的产品塑化剂项目超过国标参考值。经过问题企业自查自纠，最终发现"罪魁祸首"都集中在塑料管道的溶出，仅一段塑料软管便导致了一批批产品的"不合格"[12]。

　　2018 年 11 月 7 日，上海国际酒业交易中心在官网披露某品牌 50 年年份酒 2012（珍藏版）塑化剂含量不符合相关标准，引发轩然大波，该酒业在上市前夜向证监会申请撤回申报材料，与上市再次失之交臂[13]。

◆ 参考文献 ◆

[1] 塑化剂事件 [EB/OL]. 湖北省人民政府门户网站，2012-06-25 [2021-04-06]. http：//www. hubei. gov. cn/zwgk/zfxxgkzt/foodsecurity/foodsecurity11/201206/t20120625 _ 381665. shtml.

[2] 塑化剂潜伏台湾食品业 30 年系被检测员意外发现 [N/OL]. 人民日报海外版，2011-06-07 [2021-04-06]. https：//www. chinanews. com/cj/2011/06-07/3093977. shtml.

[3] 杨杏芬，陈子慧，梁辉. 塑化剂 DEHP 特性及对人体的危害 [EB/OL]. 广东省疾病预防控制中心，2011-6-2 [2021-04-06]. http：//cdcp. gd. gov. cn/zhjjt/content/post _ 1100439. html.

[4] 朱立毅. 台湾问题产品被暂停进口统一公司产品被纳入其中 [EB/OL]. 中央政府门户网站，2011-06-01 [2021-04-06]. http：//www. gov. cn/jrzg/2011-06/01/content _ 1874999. htm.

[5] 国家质量监督检验检疫总局《关于进一步加强进口台湾食品、食品添加剂及相关产品检验监管的公告》（2011 年第 79 号公告）[EB/OL]. 中国质量新闻网，2011-05-31 [2021-04-06]. http：//www. cqn. com. cn/zj/content/2011-05/31/content _ 1340210. htm.

[6] 中华人民共和国国家卫生健康委员会. 台湾地区塑化剂污染食品事件问答 [EB/OL]. 2011-06-05 [2021-04-06]. http：//www. nhc. gov. cn/wjw/spaqyyy/201304/2a32406bea5d4ca9a3d4a25091414668. shtml.

[7] 国家市场监督管理总局. 市场监管总局关于食品中"塑化剂"污染风险防控的指导意见 [EB/OL]. 2019-11-11 [2021-04-06]. http：//www. samr. gov. cn/spscs/tzgg/201911/t20191111 _ 308356. html.

[8] 食品安全标准与检测评估司. 卫生部办公厅关于通报食品及食品添加剂邻苯二甲酸酯类物质最大残留量的函 [EB/OL]. 卫办监督函〔2011〕551 号，2011-06-14 [2021-04-06]. http：//www. nhc. gov. cn/sps/s3594/201211/2b4831f001a740a48086fad152117286. shtml.

[9] 杨光锦. 食品中塑化剂的危害、检测与控制 [J]. 现代食品，2016（1）：44-45.

[10] 于韶梅. 塑料瓶装食醋中塑化剂的检测及其毒性分析 [J]. 中国调味品，2019，44（7）：171-175.

[11] 王敏兰. 酒鬼和红花郎塑化剂仍"严重超标" [EB/OL]. 东方财经网，2014-04-04 [2021-04-06]. http：//finance. eastmoney. com/news/1586，20140311367401054. html.

[12] 郑东岩. 山东省德州市检查食用植物油塑化剂 [EB/OL]. 国家市场监督管理总局中国打击侵权假冒工作网，2018-07-19 [2021-04-06]. http：//shandong. ipraction. gov. cn/article/gzdt/202004/227542. html.

[13] 李洪力. 西凤酒塑化剂魔咒难除 8 年 4 次 IPO 或再遇"落凤坡" [EB/OL]. 中国经济网，2018-11-14 [2021-04-06]. http：//finance. ce. cn/stock/gsgdbd/201811/14/t20181114 _ 30782513. shtml.

（本案例由陈嘉、赵泓舟编写）

案例18

花生酱食物中毒事件

一、事件描述

2007 年 2 月美国疾控中心称，美国 41 个州共有 329 人先后感染田纳西型
沙门菌。美国多个州检验确认由美国康纳格拉公司生产的彼得潘牌花生酱和某
些超值牌花生酱检出田纳西型沙门菌，并建议消费者不要食用 2006 年 5 月后
生产、瓶盖上编码前 4 位为 "2111" 的产品[1]。

2008 年美国曝光了花生酱产品含沙门菌事件，此沙门菌污染花生酱事件
导致美国 46 个州 723 人中毒，其中 9 人死亡，引发美国历史上最大规模的食
品召回案[2]。

美国媒体 2012 年 9 月 23 日报道，美国一款上市的花生酱可能受到沙门菌
污染，在 18 个州已造成 29 人因此生病，美国联邦卫生官员警告消费者不要食
用。美国食品药品监督管理局（FDA）说，五岁以下的儿童、老年人和免疫功能
有问题的人，更应该避免这些可能与爆发布雷登尼沙门菌传染有关的产品[3]。

感染沙门菌患者在 12~72h 内会出现腹泻、呕吐、发热等症状。

我国由沙门菌引起的食源性疾病居细菌性食源性疾病的首位。2006—2010
年间我国报告的病因明确的细菌性食源性疾病爆
发事件中，70%~80% 是由沙门菌所致。美国食
源性疾病主动监测网运用所建立的模型评估认
为，美国每年有 140 万非伤寒沙门菌病例，导致
16.8 万人次就诊、1.5 万人次住院和 400 人死
亡。同样，在欧盟所有病因明确的食源性爆发事
件中，由沙门菌引起的占比较高。该病原菌对人

类健康影响风险较高、造成的经济损失和社会负担较大[4]。

近年来，由沙门菌引发的食源性疾病多次见诸报端，感染的食品也涵盖鸡蛋、火鸡肉、猪肉制品、烤鸡沙拉、生鱼片寿司、黄瓜、木瓜等[4]。

二、原因分析

1. 流行病学调查

美国疾病控制及预防中心（CDC）通过分析不同州的多宗个案，发现感染均由属于相同基因指纹的鼠伤寒沙门菌所引起。随后针对病人组别和对照组别的流行病学调查显示，病人组别中较多人曾进食花生酱或含有花生酱的食品，受污染的食品逐渐浮出水面。为彻底查清花生酱产品如何被沙门菌污染，美国FDA对染病患者和国王坚果公司展开了调查。据多数食物中毒患者反映，他们是食用国王坚果公司生产的花生酱或含花生酱的食品后发生腹泻、呕吐、发热等食物中毒症状，到医院就诊后被确诊为由沙门菌感染的食物中毒，医院将沙门菌感染情况向FDA报告，随后FDA对国王坚果公司进行抽检，在罐装花生酱中检测出了沙门菌，且花生酱中检测到的沙门菌与致病鼠伤寒沙门菌匹配，即鼠伤寒沙门菌是导致消费者感染的罪魁祸首。国王坚果公司使用的罐装花生酱供应商为美国花生公司，这家公司生产的花生酱虽然不零售，但包括国王坚果公司等众多食品加工企业以其为原料生产冰激凌、饼干、蛋糕等食品。CDC和FDA基于有关结果确定，爆发源头是美国花生公司位于乔治亚州的布莱克利加工厂所生产的花生酱和花生酱产品，该公司把可能受鼠伤寒沙门菌污染的产品分销至300多家承销公司，以供用作多种产品的配料。

2. 加工工厂污染

根据流行病学调查结果，FDA对美国花生公司及旗下的加工工厂展开调查。FDA工作人员对从工厂收集的样品进行检测，同时分析了工厂的环境卫生，结果表明布莱克利加工工厂收集的样品中均存在沙门菌，且在车间中的生产设备、屋顶、冷藏箱中都检测出了沙门菌，推测生产环境不卫生是导致花生酱感染沙门菌的主要原因。在调查过程中，工作人员还发现该工厂在加工过程中存在严重违规操作行为，厂房设计和结构存在缺陷、屋顶漏水、通风不足、冷藏箱发霉、厂房内有蟑螂尸体等。另美联社报道，在花生酱沙门菌事件发生前几月，FDA曾扣留过一批被加拿大退回的花生酱产品，这些产品也是美国花生公司布莱克利加工工厂生产的，而加拿大退回花生酱的原因是花生酱中含有金属碎片。这说明，美国花生公司布莱克利加工工厂早已存在严重的生产问题。

3. 主观故意

随着调查的深入，更多的证据表明美国花生公司在明知产品可能遭受沙门菌污染的情况下，继续销售产品。美国司法部根据相关证据材料对涉嫌生产问题花生酱的美国花生公司展开刑事调查。经查，美国花生公司总裁在得知公司产品检出问题时伪造质检结果，依然下令正常销售公司产品，大量遭沙门菌污染的花生酱及相关产品被销往各地。美国花生公司质检经理是总裁对质检结果作假的"得力帮手"，总裁的弟弟也在知晓花生酱有问题时，不顾消费者的健康仍然销售该公司产品，最终，总裁因 72 项诈骗罪行被判处 28 年监禁；其弟因共谋罪名被判 20 年监禁；质检经理被判处 5 年监禁。这是美国有史以来，因食品问题对食品生产商的企业主做出的最严厉的处罚[2]。美国花生公司也因为这次花生酱事件而宣布破产。

三、事件启示

1. 食品安全预警，避免感染扩大

美国医院在发现感染沙门菌患者的数量异常后第一时间向美国 CDC 汇报，美国 CDC 立刻开展流行病学调查，通过既往饮食发现较多病人曾进食花生酱或含有花生酱的食品，且病例分析结果显示导致污染的是具有相同基因指纹的鼠伤寒沙门菌。美国 CDC 及时作出相应的食品风险评估，并向美国 FDA 报告。美国 FDA 也及时发布通告，要求消费者不要食用可能导致污染的花生酱，为消费者提供预警信息。同时，快速启动针对食品生产商、食品经营者全链条的调查，这在一定程度上了大大降低了消费者发生食物中毒的风险。

2. 严格食品召回，控制安全风险

美国是世界上第一个采用食品召回制度的国家[5]，一般在美国发生食品安全事件后，涉事公司获悉其生产、进口或经销的食品存在可能危害消费者健康、安全的缺陷时，应依法向政府部门报告，及时通知消费者，召回问题产品。食品召回制度源于缺陷产品召回制度，其目的就是及时召回不安全食品，避免流入市场的不安全食品对大众饮食安全造成损伤，防止其危害范围扩大，维护消费者的利益。美国的食品召回主要分为两种，一种是企业主动召回，另一种是监管部门要求召回。但无论哪种召回方式，均应在监管部门的监督下进行，图 18-1 为美国 FDA 食品召回程序。

我国是在 2007 年公布并实施《食品召回管理规定》，现行《食品召回管理办法》于 2015 年 3 月 11 日发布，2015 年 9 月 1 日正式实施。该办法强调食品生产经营者为食品安全第一责任人（即召回主体），监管部门在食品召回过程中负责监督管理工作，将食品安全法律法规规定禁止生产经营的食品以及其他有证据证明可能危害人体健康的不安全食品纳入召回范围。根据食品安全风险

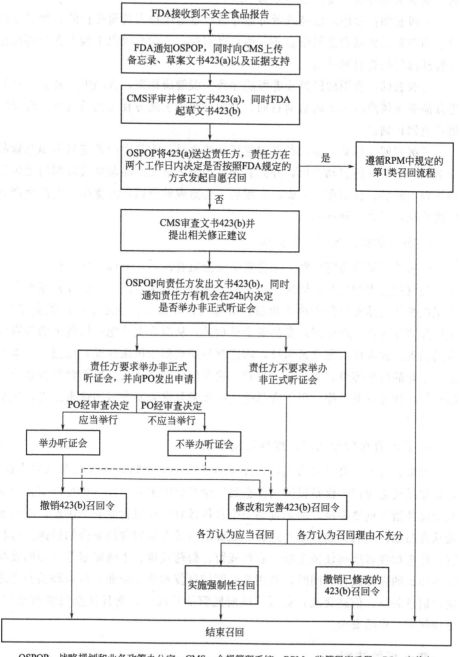

图 18-1   美国 FDA 食品召回程序

OSPOP：战略规划和业务政策办公室；CMS：合规管理系统；RPM：监管程序手册；PO：审裁官

的严重和紧急程度，食品召回分为三级。

一级召回：食用后已经或者可能导致严重健康损害甚至死亡的，食品生产者应当在知悉食品安全风险后 24h 内启动召回，并向县级以上地方食品药品监督管理部门报告召回计划。

二级召回：食用后已经或者可能导致一般健康损害，食品生产者应当在知悉食品安全风险后 48h 内启动召回，并向县级以上地方食品药品监督管理部门报告召回计划。

三级召回：标签、标识存在虚假标注的食品，食品生产者应当在知悉食品安全风险后 72h 内启动召回，并向县级以上地方食品药品监督管理部门报告召回计划。标签、标识存在瑕疵，食用后不会造成健康损害的食品，食品生产者应当改正，可以自愿召回。

3. 强化监管，规范企业自律

严格落实属地监管原则，完善食品安全监管体系，明确主体责任，对食品生产经营过程中的生产、销售、运输、贮藏等环节加强监管。引导食品生产企业积极参加食品安全信用体系建设，以知法、守法为立业之本，以诚实守信、优质经营为重点，严格把好食品安全质量关，从源头上杜绝一切危害消费者健康的因素。加大投入和政策引导，增强食品安全信用体系建设，根据食品生产经营企业的信用等级，实行分类监管，建立信用档案，充分发挥食品行业协会的作用，加强行业自律，引导食品企业积极参与食品安全信用体系建设，规范企业自律。

4. 普及食品安全知识，增强防范意识

民以食为天，食以安为先，食品安全事关每个人的身体健康和家庭幸福。普及食品安全知识不仅是提高国民食品安全意识的重要手段，也是落实食品安全全民共治的重要举措。加强食品安全宣传教育和开展食品安全讲座，不仅涵盖从食品原料采购、加工制作过程、贮藏运输等方面的食品安全知识的宣传教育，还应加强对致病性微生物、农药残留、兽药残留、生物毒素等方面的食品安全知识的宣传教育。同时，利用互联网信息技术建立企业、政府和消费者之间的信息共享、信息交流，克服了政府监管的片面性，而且让全民参与监督，更加保障了食品安全。

四、相关法规

"美国花生酱事件"发生之前，主要参考的是《联邦食品、药品、化妆品法》，当时美国 FDA 碍于法规限制，必须征得涉嫌厂商同意后，才能向大众宣

布全面召回受污染食品。"美国花生酱事件"发生后，公众对美国食品安全监管体系及监管制度提出严重质疑，从而对《联邦食品、药品、化妆品法》作出了重大修改，形成《食品安全现代化法》，食品生产企业在生产过程中应遵守《食品生产企业 GMP 法规》。在此次花生酱污染沙门菌事件中，美国花生公司布莱克利加工工厂主要违反了《食品生产企业 GMP 法规》中的建筑物与设施标准。

就我国而言，《食品安全国家标准　食品中致病菌限量》GB 29921—2013中明确表示，参考国际食品法典委员会（CAC）、国际微生物规格委员会（IC-MSF）、欧盟、澳大利亚、新西兰、美国、加拿大等国际组织、国家和地区的即食食品中沙门菌限量标准及规定，对 11 类（肉制品、水产制品、即食蛋制品、粮食制品、即食豆类制品、巧克力类及可可制品、即食果蔬制品、饮料、冷冻饮品、即食调味品、坚果籽实制品）食品中沙门菌限量规定：$n=5$，$c=0$，$m=0$（即在被检的 5 份样品中，不允许任一样品检出沙门菌）。《食品安全法》（2018 年修正）第三十四条规定："禁止生产经营下列食品、食品添加剂、食品相关产品：……；（二）致病性微生物，农药残留、兽药残留、生物毒素、重金属等污染物质以及其他危害人体健康的物质含量超过食品安全标准限量的食品、食品添加剂、食品相关产品；……。"如果造成严重食物中毒事故，对人体健康造成严重危害的，还涉嫌触犯《刑法》。

五、关联知识

1. 沙门菌介绍

沙门菌属是一种常见的食源性致病菌，其入侵肠道黏膜表面的滤泡上皮细胞，侵袭 M 细胞进入宿主体内，从而导致疾病发生[5]。由沙门菌引起的疾病可分为伤寒和急性肠胃炎。伤寒、甲型、乙型、丙型副伤寒沙门菌是最为常见的可引发食物中毒的菌群，猪霍乱沙门菌可导致败血症、慢性肠炎等；伤寒沙门菌会引起肠热症，且人是伤寒沙门菌的唯一宿主[6]。经检测，美国国王坚果公司生产的花生酱是受到鼠伤寒沙门菌污染，该沙门菌会导致人畜共患病，居于感染发病沙门菌属的首位。

2. 哪些食品容易感染沙门菌？

动物粪便和肠道内容物是沙门菌的主要污染源，最容易受沙门菌污染的是禽肉类、蛋类和乳类食品，而生鲜类食品受沙门菌污染主要是因为环境或粪便。所以在预防沙门菌污染时不仅要注意动物污染，还要注重生产加工环境的卫生情况和生产者的健康状况[7]。值得注意的是，沙门菌污染高峰在夏秋季，沙门菌感染者不是都会发病，病情程度与个人抵抗力有关。胃肠炎是沙门菌导致的最常见的疾病之一，成年感染者抵抗力较好可自我恢复，但老年人或幼儿感染后必须通过有效抗生素治疗。

3. 如何预防沙门菌污染？

① 注意个人卫生。对于消费者而言，应注重个人卫生，在制作食物或就餐前仔细洗净双手。尽量不食用生水、生食或未经加热煮熟的肉类、蛋类、奶类等，保持良好的饮食习惯。

② 控制污染源头，预防交叉污染。加强源头控制，加大对容易受沙门菌污染的食品的监管，防止被沙门菌污染的食品流入市场，在发现沙门菌污染食品后，必须禁止食用，并按照相关要求对问题食品开展调查、召回等措施，严控食品安全风险。加强对食品各环节（如加工、储存、运输、销售等）的安全卫生管理，防止交叉污染，食品加工制作人员每接触一种食物后，务必将砧板、刀具、转运工具等仔细洗净，以免污染其他食物。从事接触直接入口食品工作的食品生产经营人员应注意个人卫生，并按照要求每年进行健康检查，取得健康证明后方可上岗工作，发现感染者必须第一时间禁止其参与食品相关工作。

③ 控制沙门菌的生长繁殖。沙门菌生长繁殖的适宜温度为 $20\sim37℃$，采取低温储存的方式，在一定程度上能控制沙门菌生长繁殖。应注意对生食品尽快加工，避免因长期储存导致腐败变质或污染。同时，加工后的熟食品应尽快食用，尽可能缩短储存时间。

④ 杀灭病原菌。食用前彻底杀灭病原菌是防止沙门菌导致食物中毒的关键措施。加热处理是一种简单易行的方式，保持食品中心温度在 $80℃$ 以上，12min 可杀灭食品中可能存在的沙门菌。对于大块的肉类、鱼类、蛋类等食物，在加工制作过程中，一定要保证煮熟、煮透。除此以外，对动物的饲料进行杀菌处理在一定程度上也能防止畜禽感染沙门菌[8]。

⑤ 接种疫苗预防污染。对接触过病禽的人或动物进行疫苗接种，提高其免疫力。例如，针对鸡沙门菌可以注射碳水化合物，鸡出壳时第一时间喂服乳糖以增加肠道酸度，创造一个不适宜沙门菌生长的环境，针对羊沙门菌可进行加热处理以杀灭都柏林沙门菌[9]。

◆ 参考文献 ◆

[1] 花生酱沙门氏菌污染事件波及美国 41 个州［N/OL］. 中国日报，2007-02-24［2021-04-06］. http://www.chinadaily.com.cn/hqkx/2007-02/24/content_812794.htm.

[2] 白雪. 花生酱含沙门氏菌致 9 死 总裁伪造结果被判 28 年 [EB/OL]. 环球网，2015-09-23 [2021-04-06]. https://world.huanqiu.com/article/9CaKrnJPGLb.

[3] 美国一款上市花生酱疑感染沙门氏菌致 29 人生病 [EB/OL]. 中国新闻网，2012-09-24 [2021-04-06]. https://www.chinanews.com/gj/2012/09-24/4207816.shtml.

[4] 国家食品药品监管总局. 2015 年第 12 期食品安全风险解析：解读沙门氏菌食物中毒 [N/OL]. 中国食品安全报，2015-9-15 [2021-04-06]. http://paper.cfsn.cn/content/2015-09/15/content_29557.htm.

[5] 杜婧，陈永法. 浅析美国食品药品监督管理局强制性食品召回制度 [J]. 中国食品卫生杂志，2019，31 (6)：545-550.

[6] 刘豪. 沙门氏菌引起的食品安全问题及其防治 [J]. 畜牧兽医科学：电子版，2017 (9)：29.

[7] 韩晗，韦晓婷，魏昳，等. 沙门氏菌对食品的污染及其导致的食源性疾病 [J]. 江苏农业科学，2016，44 (5)：15-20.

[8] 黄玉柳. 食品中沙门氏菌污染状况及预防措施 [J]. 广东农业科学，2010，37 (6)：225-226.

[9] 徐家芳，谢永登. 沙门氏菌研究进展 [J]. 广西畜牧兽医，2020，36 (2)：92-94.

（本案例由刁雪洋、葛笑笑编写）

案例19

米酵菌酸引起的食物中毒事件

一、事件描述

2020年10月5日早上，黑龙江省鸡西市鸡东县某家庭成员亲属共12人聚餐，家里长辈9人全部食用了酸汤子，3个年轻人因不喜欢这种口味没有食用。中午，9位食用了酸汤子的长辈陆续出现身体不适。10月10日，经医院抢救无效7人陆续死亡。10月12日，中毒事件死亡人数升至8人。10月19日，最后一名患者离世[1,2]。

最终，该事件造成的结果为食用"酸汤子"的9人全部离世，死亡率100%。

酸汤子，又称汤子、馇子，流行于东北地区的辽宁东部、吉林东南部及黑龙江东部一带，是用玉米水磨发酵后做的一种粗面条样的主食，口感较为细腻爽滑。经当地警方调查得知，该"酸汤子"食材为家庭成员自制，且在冰箱中冷冻近一年时间。在此次聚餐食用之前，被放置在了家中阴凉处。经医院化验检测，"酸汤子"原料中黄曲霉毒素严重超标，随即给出了黄曲霉毒素中毒的结论。但是这个说法随即被各界专家质疑，一致认为造成此次事件的原因不在于黄曲霉毒素超标。随后有关部门又在玉米面中检出高浓度米酵菌酸，患者胃液中亦检出米酵菌酸，所以事件初步定性为由椰毒假单胞菌污染产生米酵菌酸引起的食物中毒事件。

二、原因分析

1. 最开始时，判定结果为黄曲霉毒素中毒，黄曲霉毒素是什么，为什么该结果会遭到质疑？

1993年黄曲霉毒素被世界卫生组织（WHO）的癌症研究机构划定为1类

致癌物，是一种毒性极强的剧毒物质。黄曲霉毒素的危害性在于对人及动物肝脏组织有破坏作用，严重时，可导致肝癌甚至死亡。在受污染的食品中以黄曲霉毒素 B_1 最为多见，其毒性和致癌性也最强。一旦发生黄曲霉素中毒，人体首先会出现胃肠道不适，以恶心呕吐为主要表征。这与米酵菌酸中毒开始出现的症状几乎一致，所以也是导致最开始时相关工作者错误判断为黄曲霉中毒的一大原因。

那为什么后面会引起各方质疑呢？原因在于多个条件不符，首先制作酸汤子是用玉米面加水浸泡发酵的，这个条件并不适合黄曲霉生长，也并不容易使黄曲霉增殖产毒。所以，黄曲霉毒素并不是制作"酸汤子"的时候产生的。检出了黄曲霉毒素，只能说明这家人的玉米或玉米面此前储藏不当，早就污染了黄曲霉毒素，然后用这种带毒素的玉米来制作了酸汤子，而且，即使有黄曲霉毒素，一般也不会导致急性中毒死亡。黄曲霉毒素有苦味，如果达到导致急性中毒的致死会很苦，可能食用时就会被发现[3]。黄曲霉毒素导致死亡的案例也是非常罕见，而且死亡率也不会这么高。

2. 此次事件引起中毒的关键原因又在哪儿？

很多媒体报道都把焦点聚集在了在冰箱里存放一年，有些不太合理。此次引起中毒的椰毒假单胞菌主要来自土壤，且其最适生长温度和产毒温度分别为 $37℃$ 和 $26℃$。在制作酸汤子的过程中，首先浸泡的环节就有可能受到污染，因为制作"酸汤子"的玉米面是需要浸泡发酵产生一定酸味时再研磨成面。而且后续的研磨环节如果没有做好卫生工作的话也会受到污染。而相反把玉米面放进冰箱冷藏一年并不会受到多大的影响，而且冷冻的时候，温度在 $-18℃$ 低温下微生物并不能生长繁殖，也不会产生毒素，放个一年半载问题都不大，很多食品冷冻保质期都在一年左右。所以把原因聚焦在冰箱冷藏长达一年是不太合理的，真正的原因应该是因冰箱储存空间有限而放在家中阴凉处的不当操作。

① "酸汤子"为偏酸性食物，pH 大概在 $5 \sim 7$ 之间。

② 事件发生的那段时间鸡西市天气良好，温度在 $20 \sim 30℃$ 之间。

③ "酸汤子"是水磨米面，所以较潮。

以上三个条件提供给椰毒假单胞菌合适的生长条件和产毒条件，最终导致了"酸汤子"被米酵菌酸污染而发生悲剧。

三、事件启示

虽然一直以来米酵菌酸引起的中毒在国内时有发生，但是此次米酵菌酸中毒事件的高死亡率无疑给大家敲响了警钟。那么怎么预防此类事件的再次发生呢？可以从两个方面考虑[4]。

（1）宣传层面

应该加大对相关食品安全知识的教育宣传，精准到村和社区，特别是针对广东、东北三省、云南等事件高发地区，同时要做好市场上原料的监督管理工作。

（2）个人层面

冷藏储存和及时食用泡发食品原料，如食用银耳、木耳前应检查它们的外观，发现受潮变质的不能食用。泡发的时间不宜过长，泡发后要及时加工，不能吃隔天泡制加工的银耳、木耳及其制品。尽量不要自己做发酵类食品，如果非要做的话应去正规商店或超市购买材料，每次应少量购买，尽快食用，而且制作过程中一定要注意卫生条件的控制。

① 家庭或小作坊一般不要制作、出售酵米面类食品。

如果家庭自制酵米面类食品，确保不用霉变的玉米等谷物原料；谷类浸泡时要勤换水，保持卫生、无异味；磨浆后要及时晾晒或烘干成粉，放在通风干燥处短期储存。不要在制作中让食品接触潮湿土壤，防止椰毒假单胞菌污染、产毒。

② 鲜银耳要及时晒干，禁止出售鲜银耳。

生产经营者要保证培植银耳的菌种质量，采摘的鲜银耳要及时晒干；如遇阴雨天不能及时晾晒，要有适当的烘干设施烘干并通过充分紫外线照射、去毒。鲜银耳不得出售。

③ 购买和食用银耳、木耳注意事项。

选购银耳、木耳等相关食品时，要选择正规渠道，不要购买鲜银耳。同时，要注意销售环境的卫生状况。

泡发木耳、银耳前，应检查其感官性状，发现受潮变质的不要食用；泡发木耳、银耳时间不宜过长，泡发后应及时加工食用；耳片不成形、发黏、无弹性或有异臭味的不能食用，隔天泡制加工的银耳、木耳及其制品不能食用。

④ 要及时处理和救治食物中毒人员。

如发生疑似椰毒假单胞菌食物中毒，要立即停止食用可疑食品；尽快催吐，排出胃内容物，减少毒素的吸收量；及时送医院救治，针对肝、脑、肾等脏器的损伤程度，对症治疗，降低死亡率。

四、相关法规

由于此次酸汤子中毒事件属于自制食品中毒，不涉及法律法规。但是如果在经营中出现类似情况，可能就会面临相应的法律责任。我们以广东揭阳某肠粉店食物中毒为例。2020 年 7 月 28 日中午，广东揭阳惠来县神泉镇 11 位顾客在某肠粉店食用河粉（俗称"粿条"）后，先后出现呕吐、腹泻等疑似食物中毒症状，后造成一人死亡，两人重伤，八人轻伤。经调查，该批河粉（粿条）生产厂家为汕头市潮阳区某食品厂，惠来县将相关情况向潮阳区市场监管局通报并申请查处后，该食品厂已于 2020 年 8 月 1 日被查封[5]。

《中华人民共和国食品安全法》（2018 年修正）第一百二十四条规定："违反本法规定，有下列情形之一，尚不构成犯罪的，由县级以上人民政府食品安全监督管理部门没收违法所得和违法生产经营的食品、食品添加剂，并可以没收用于违法生产经营的工具、设备、原料等物品；违法生产经营的食品、食品添加剂货值金额不足一万元的，并处五万元以上十万元以下罚款；货值金额一万元以上的，并处货值金额十倍以上二十倍以下罚款；情节严重的，吊销许可证：

（一）生产经营致病性微生物、农药残留、兽药残留、生物毒素、重金属等污染物质以及其他危害人体健康的物质含量超过食品安全标准限量的食品、食品添加剂；……。"

五、关联知识

1. 什么是米酵菌酸?

米酵菌酸由椰毒假单胞菌属酵米面亚种产生的一种可以引起食物中毒的小分子脂肪酸毒素。它容易出现在一些发酵米面制品、糯米面汤圆、吊浆粑、小米或高粱米面制品、马铃薯粉条、甘薯淀粉、变质的银耳和木耳等中。它的中毒症状和黄曲霉毒素中毒类似，主要表现为恶心呕吐、腹痛腹胀等，重者出现黄疸、腹水、皮下出血、惊厥、抽搐、血尿、血便等肝脑肾实质性器官损害症状，而且它的耐热性极强，即使用 100℃ 的开水煮沸或用高压锅蒸煮也不能破坏其毒性，目前中毒后无特效药，只能对症治疗，且死亡率高于 40%，但是在阳光照射或室内紫外线照射下可破坏、改变其化学结构，使其失去毒性。

2. 什么是椰毒假单胞菌呢?

椰毒假单胞菌为革兰氏阴性短杆菌，两端钝圆，无芽孢，有鞭毛，在自然界分布广泛。椰毒假单胞菌为兼性厌氧，易在食品表面生长。最适生长温度 37℃，产毒温度为 26℃，pH5～7 范围内生长较好。

3. 相关事件

（1）印度尼西亚丹贝中毒事件

印度尼西亚有很多发酵类食物都统称为丹贝。比较常见的丹贝是用大豆和其他的一些杂粮，接种根霉菌之后发酵而成的饼状食品。在印度尼西亚爪哇岛上曾经流行过一种特殊的丹贝，是用椰子肉发酵而成的。正是这种椰子肉丹贝的流行，导致大面积的中毒。在20世纪30年代，就有因食用椰子肉丹贝中毒的记录。椰子肉丹贝的中毒症状一般是呕吐、腹泻等胃肠道反应，然后出现头疼、头晕、乏力。严重的会发生抽搐和昏迷，最后因为呼吸循环衰竭、脑血肿和尿毒症死亡，中毒死亡率高达30%～50%。微生物学家Mertens和Van Veen在有毒丹贝中提取出了一种之前从未见过的细菌，最终确定它是食物中毒的罪魁祸首。因为它是假单胞菌属，又是在椰肉发酵制品中首次发现，于是命名为椰毒假单胞菌。从1951年到1975年，印度尼西亚每年平均因为食用这种椰子肉丹贝，造成288人中毒，34人死亡。最终印度尼西亚政府不得不在1975年彻底禁止这种食物的生产和销售[6,7]。

（2）其他相关事件

2014年云南文山20人中毒，6人死亡，中毒食物为吊浆粑[8]。

2015年辽阳一家四口疑吃酸汤子中毒身亡[9]。

2018年7月29日浙江金华一家三口食用浸泡了两天的木耳中毒，罪魁祸首也是米酵菌酸，7岁小女孩出现多处脏器衰竭[10]。

2010年至今，全国已发生米酵菌酸中毒14起，84人中毒，37人死亡（数据来源于国家卫生健康委员会）[1]，而这些食品的制作具有一个共同的特点，都需要经过长时间发酵或浸泡。一旦被椰毒假单胞菌污染，稍不注意，就容易引起中毒。酵米面中毒的主要原因是使用了发霉变质的原料，虽然通过挑选新鲜无霉变原料，勤换水能够减少被致病菌污染的机会，但为保证生命安全，最好的预防措施是不制作、不食用酵米面类食品。

◆ 参考文献 ◆

[1] 吴采倩. 黑龙江鸡东"酸汤子"中毒事件背后：米酵菌酸中毒致死率超50% [N/OL] 新京报，2020-10-20 [2021-04-06]. http：//www. bjnews. com. cn/news/2020/10/20/779593. html.

[2] 刘轩廷."酸汤子"中毒致8人死 专家：制作时食品已被污染产生毒素 [EB/OL]. 中国新闻网，2020-10-14 [2021-04-06]. https：//www. chinanews. com/sh/shipin/cns/2020/10-14/news870195. shtml.

[3] 阮光锋. 科学解读"酸汤子"为什么会引发米酵菌酸中毒 [J]. 中国食品，2020（20）：128-129.

[4] 陈佳. 椰毒假单胞菌中毒机理及其预防措施研究 [J]. 现代食品，2019（13）：102-104.

[5] 情况通报惠来县人民政府新闻办公室 [EB/OL]. 2020-08-02 [2021-04-06]. http：//www. huilai. gov. cn/sytzgg/content/post_470137. html.

[6] Nugteren D H, Berends W. Investigations on bongkrekic acid, the toxine from Pseudomonas cocov-

enenans [J]. Recueil des Travaux Chimiques des Pays-Bas，1957，76 (1)：13-27.

[7] Van Veen A G，Mertens W K. The poisonous matter of so-called bongkrek poisoning in Java [J].
Recueil des Travaux Chimiques des Pays-Bas，1957，53：257-268.

[8] 周帼萍，梁泉，黄庭轩，等. 云南省文山州广南县吊浆粑食物中毒事件的病原学分析 [J]. 中国
食品卫生杂志，2017，29 (1)：71-75.

[9] 金国建，朱柏玲. 辽阳：一家四口疑因吃酸汤子中毒身亡 [N]. 辽沈晚报，2015-03-05.

[10] 浙江省疾病预防控制中心. 揭秘木耳致病毒素，夏季木耳可以冷藏泡发 [EB/OL]. 2018-08-10
[2021-04-06]. http：//www. cdc. zj. cn/newsinfo. php? item＝ff0fOn2w9w8h887UfEkXMl0f8irv0
mAfTe5t9GEcGY0D.

（本案例由尹杰文编写）

案例20

有毒PVC保鲜膜事件

一、事件描述

2005 年 10 月 13 日，上海第一财经日报以《全球禁用日韩致癌保鲜膜转道中国》为题报道了日、韩生产的聚氯乙烯（简称 PVC）保鲜膜可能致癌事件。该报道称，PVC 保鲜膜含有致癌物质，对人的身体危害较大。这则新闻引起了广大消费者的担忧[1]。

2005 年 10 月 14 日，国家质检总局就上述事件开始部署，加强在全国口岸对进出口 PVC 食品保鲜膜的检验，并在全国开展对 PVC 食品保鲜膜生产企业和产品的专项检查[2]。此次共抽查了 44 种 PVC 食品保鲜膜，检测结果发现所有样品的氯乙烯单体含量均小于 1mg/kg，符合国家标准要求。同时，材质为聚乙烯（简称 PE）和聚偏二氯乙烯（简称 PVDC）的保鲜膜也均符合国家标准，消费者可放心使用。但是检测出一些用于外包装的 PVC 保鲜膜中含有己二酸二（2-乙基）己酯（简称 DEHA）增塑剂。这种增塑剂遇上食物中油脂或超过 100℃高温时，容易释放出来，随食物进入人体后给健康带来影响。因此，国家质检总局就上述抽查结果发布紧急公告：禁止生产或进出口含有 DE-HA 增塑剂的 PVC 食品保鲜膜，已生产和出售该类保鲜膜的企业应立即停止生产，并召回已出厂产品。同时，国家质检总局还提醒消费者，选购 PE 食品保鲜膜或标识"不含 DEHA"的 PVC 食品保鲜膜；使用含有 DEHA 的 PVC 食品保鲜膜不宜直接用于包装肉食、熟食及油脂食品，也不宜直接用微波炉加热。

二、原因分析

1931 年，PVC 由德国法本公司（I. G. Farben AG）最早实现工业化生产。在

1965 年之前，PVC 稳居塑料品种产量第一。目前产量仅次于 PE，位居第二。PVC 的用途极广，包括：①软质塑料制品，例如 PVC 保鲜膜和农用薄膜，输液管、血浆袋、呼吸管等医疗用具；②硬质塑料制品，例如室内装修的 PVC 塑料管材等；③电线电缆绝缘包层；④日用品，例如儿童玩具、托盘、文具等[3,4]。

1. PVC 保鲜膜是怎么制备的呢？

首先是氯乙烯单体的合成。氯乙烯单体的制备可以采用氧氯化法和乙炔电石法。氧氯化法的原料为石油，其成本较低，是目前生产氯乙烯单体的主要方法。乙炔电石法则工艺简单，产品纯度高，但是成本较高。

其次是 PVC 树脂的合成。氯乙烯单体通过聚合反应（悬浮聚合、乳液聚合或本体聚合）制得 PVC 树脂，市面上常见 PVC 颗粒。

最后是 PVC 保鲜膜的制备。PVC 树脂颗粒和助剂（如增塑剂、热稳定剂和润滑剂等）共混，采用挤出机进行吹塑制备 PVC 保鲜膜。

2. 为什么 PVC 保鲜膜可以广泛应用呢？

PVC 保鲜膜得以广泛应用源于其自身的优点，包括：①PVC 的加工性能较好，可以通过改变配方生产出两类性能和用途截然不同的制品，即软质 PVC 和硬质 PVC；②PVC 树脂本身具有阻燃性，表现为 PVC 离开火焰会自熄；③透明性优于 PE；④化学稳定性好，可以耐受浓 HCl、90% H_2SO_4、60% HNO_3 和 30% NaOH 的侵蚀[3]。

3. 为什么 PVC 保鲜膜中需要加入助剂呢？

PVC 的玻璃化转变温度为 87℃。所谓玻璃化转变温度为高聚物由质地坚硬的玻璃态转变为高弹态所对应的温度。在 PVC 树脂中加入增塑剂，可以降低其玻璃化转变温度，从而获得质地柔软的制品，例如 PVC 保鲜膜或农用薄膜等。同时增塑剂利用体积效应和屏蔽效应[4]，可以降低流动温度、减少熔体黏度，从而利于熔体在挤出机料桶内的流动性，便于加工成型。

PVC 的流动温度为 165～190℃（流动温度即为高聚物从高弹态向黏流态转变的温度），但其分解温度为 140℃。意味着 PVC 在挤出机料桶内开始流动之前，自身已经开始发生分解，由大分子高聚物分解成小分子。因此，在此过程中需要加入热稳定剂，提高 PVC 的分解温度，从而实现 PVC 保鲜膜的挤出加工成型。另外，工业上还会加入少量的其他助剂来提高 PVC 的加工性与实用价值，例如添加润滑剂进一步提高 PVC 熔体在挤出机料桶内的流动性。

4. 为什么 PVC 保鲜膜会有毒呢？

为了得到质地柔软，且透明性较高的 PVC 保鲜膜，通常需要加入一定量的增塑剂。如今，市面上常用的增塑剂有 30～40 种，其中较为常见的用于食品包装材料中的增塑剂为 DEHA。根据 GB 9685—2016《食品安全国家标准 食品接触材料及制品用添加剂使用标准》，PVC 塑料中 DEHA 的最大使用量为 35%，允许的特定迁移限量为 18mg/kg。GB 31604.28—2016《食品安全国家标准 食品接触材料及制品己二酸二（2-乙基）己酯的测定和迁移量的测定》明确了 DEHA 的测试方法，并规定 PVC 制品在水基、酸性、酒精类食品模拟物中 DEHA 的方法检出限为 0.2mg/L；在油基食品模拟物中 DEHA 的方法检出限为 0.8mg/kg。PVC 保鲜膜中可能含有非法增塑剂或者过量的 DEHA 与油脂类食品接触，从而溶于油脂类食品，进而进入人体危害健康。这主要是由于增塑剂不溶于水，但溶于油脂类食品。同时，增塑剂与 PVC 之间无化学键结合，仅靠物理填充作用，故二者之间的结合性能较差，增塑剂容易受到油脂类食品的吸引，从 PVC 中析出溶于油脂类食品，此析出或迁移的量与接触时间及温度有关。

其次，PVC 树脂合成工艺过程的不完全聚合，导致其保鲜膜中含有少量氯乙烯单体。当 PVC 保鲜膜受热超过 70℃，例如家里常用的微波加热食物，其氯乙烯单体容易释放，这种物质是有毒的。GB 4806.6—2016《食品安全国家标准 食品接触用塑料树脂》规定氯乙烯单体须≤1mg/kg。在此范围内属于安全的，但是长期积累可能会对人的身体健康造成危害。

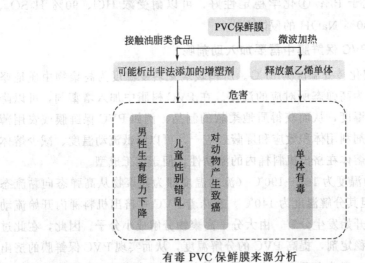

有毒 PVC 保鲜膜来源分析

三、事件启示

1. 加强对增塑剂生产加工企业的监督，规范增塑剂的使用

企业对其所用的增塑剂的名称模糊不清，这主要是由于增塑剂种类繁

多，有些增塑剂的化学成分和分子式相似。通常，企业采购过程中使用增塑剂的英文缩写代表某类增塑剂。因此，经常会出现邻苯二甲酸二（2-乙基己基）酯（简称 DEHP）和邻苯二甲酸二辛酯（简称 DOP）不分，DEHA 和己二酸二正辛酯混淆不清，无形中增加了检测和鉴定增塑剂的难度。因此，企业在生产增塑剂后，对其自身的结构特点进行说明，其名称应严格按照 GB/T 1844.3—2008《塑料　符号和缩略语　第 3 部分：增塑剂》进行定义，而不是惯用增塑剂加工行业中的行话，让下游食品包装材料加工企业明确所用增塑剂的类别。

2. 尽快完善增塑剂检测国家标准

GB 9685—2016《食品安全国家标准　食品接触材料及制品用添加剂使用标准》中规定允许用于塑料包装材料的 20 余种增塑剂，GB 31604.28—2016《食品安全国家标准　食品接触材料及制品己二酸二（2-乙基）己酯的测定和迁移量的测定》明确了 DEHA 的测试方法，以及 GB 31604.30—2016《食品安全国家标准　食品接触材料及制品　邻苯二甲酸酯的测定和迁移量的测定》规定了 18 种邻苯二甲酸酯含量的测定。大多数其他增塑剂无相应的测试方法，从而带来以下问题：①无法判定结果是否合格；②不同增塑剂，其溶解性差异较大，而且不同检测机构所用的检测设备灵敏度差异也较大。因此检测结果可能存在不确定性，是否可以真实反映增塑剂在塑料制品中的含量仍有存疑。相关部门应尽快完善增塑剂检测方法并明确其判定标准。

3. 完善食品包装材料安全评价体系

食品包装是现代食品工业的最后一道工序，它起着保护食品、方便贮运和促进销售的重要作用。因此，食品包装材料的安全性评估显得尤为重要。通常，食品包装材料的基本要求为包装材料中的组分迁移到食品中的量不得危害到人体健康或者使食品组分发生不可接受的变化[5]。由于食品的种类千差万别，同类产品更新较快，各种形式及材质的包装也层出不穷，然而并不是所有的包装容器或材质能通用于所有的食品。例如为什么选用聚对苯二甲酸乙二醇酯（简称 PET）作为可乐饮料的包装瓶，而不选用 PE 材质的呢？这源于前者的阻气性能更优，可以稳定充气饮料的气体含量从而维持充气饮料的口感。因此，在新的包装材料投入市场应用之前，应根据其用途进行相应的相容性试验，进而全面评价其风险性，以确保在该用途下的安全性。例如本案例所述的 PVC 保鲜膜，从日、韩大量进口 PVC 保鲜膜，以及投放市场应用之前，我们应该明确其用途（如是否可以用于食品接触的各类包装）、适用范围以及使用方法（如是否可以微波加热）。

四、相关法规

本案例主要是在 PVC 塑料制品生产加工企业出现。国家质检总局发出了《进一步加强食品保鲜膜监管有关问题的公告》（国家质量监督检验检疫总局公告 2005 年第 155 号），对食品保鲜膜生产企业提出了严格的要求，即禁止生产或进出口含有 DEHA 增塑剂的 PVC 食品保鲜膜。

GB 9685—2016《食品安全国家标准　食品接触材料及制品用添加剂使用标准》中则明确了 DEHA 可用于 PVC 材质的塑料制品，最大使用量为 35%，允许的特定迁移限量为 18mg/kg。由于 GB 9685 属于国家强制标准，更具有法律效力。因此，在 PVC 保鲜膜中使用 DEHA 增塑剂，应该严格控制其特定迁移限量在标准允许范围内。

五、关联知识

快速鉴别市面上常见的 PE 保鲜膜和 PVC 保鲜膜可以从以下几个方面入手。

① 颜色区分　整卷 PVC 薄膜泛黄，而整卷 PE 保鲜膜为白色。

② 手揉搓　PE 保鲜膜一般黏性较差，用手揉搓后容易打开，而 PVC 保鲜膜则黏性较好，用手揉搓不易展开。

③ 燃烧检验　PE 保鲜膜用火点燃后，迅速燃烧，离开火源也不会熄灭；而 PVC 保鲜膜不易点燃，离开火源后会熄灭，且有刺鼻异味。

◆ 参考文献 ◆

[1] 全球禁用日韩致癌保鲜膜转道中国 [J]. 中国新包装，2006 (4)：19.

[2] 质检总局对食品保鲜膜专项检查有关情况的通报 [EB/OL]. 中国政府门户网站，2005-10-26 [2021-04-06]. http://www.gov.cn/gzdt/2005-10/26/content_84202.htm.

[3] 董炎明. 高分子科学简明教材 [M]. 北京：科学出版社，2014.

[4] 杨兰兰，姜海辉，陈寿花，等. 增塑剂在保鲜膜食品包装材料中的应用及安全性能 [J]. 山东轻工业学院学报（自然科学版），2014，28 (2)：55-59.

[5] 徐俊，梁波，叶烨，等. 上海地区聚氯乙烯保鲜膜包装食品的风险评估及增塑剂迁移影响因素研究（续）[J]. 上海食品药品监管情报研究，2008 (93)：40-43.

（本案例由任丹编写）

案例21

食品投毒事件

一、事件描述

2011 年 4 月 7 日上午 9 时，甘肃省平凉市公安局接到报案，报案居民刘先生称：他老婆和孩子在饮用鲜牛奶后身体不适，在医院检查后定为食物中毒，现在平凉市第一人民医院抢救。同时，平凉市崆峒区马坊村也传来类似的消息，多位老人、小孩儿喝完牛奶后因食物中毒被送入医院抢救。接到报警后，公安部门迅速采取措施成立专案组，并抽调大量警力人员进行全方位系统调查。经过不懈努力后警方发现一条重要线索，崆峒区新民路、工业园、天正小区等地中毒的 40 余人都先后购买并食用了同一位名为马某的奶农卖给他们的牛奶，从而产生了中毒，大多数人生命无大碍，但有三名幼儿因年龄小抵抗力不足，经抢救无效死亡[1,2]。

二、原因分析

1. 亚硝酸盐为什么会出现在牛奶里?

警方找到犯罪嫌疑人马某及其妻子并进行询问，马某承认牛奶是自己的，但是并不知道自己的牛奶问题出在哪儿，为何引起别人食物中毒。

当时，很多声音在这样质疑，谁在牛奶中加了大量的亚硝酸盐，是什么时候放入牛奶中的?

调查人员经过反复调查后发现，并不只有中毒的这些人购买了马某的牛奶，还有一部分人并没有出现食物中毒。因此可以推断出，亚硝酸盐并不是在牛奶生产过程中投放，而是在之后投放的。

根据马某的描述，警方得知：马某每天上午和下午都会向周边订奶的居民送奶，上午的送奶量较小，下午配送量大，由于周围居民对牛奶的需求量大，仅凭马某自家生产的牛奶根本无法满足，于是他还从周围四家养牛户收购牛奶来满足供应。他每天上午出售自家挤的牛奶，将上午剩余的自家牛奶、下午现挤的自家牛奶和收购的牛奶在下午一并出售。

警方通过对马某收购牛奶的四家奶农以及购买牛奶的用户进行调查，排除了四家奶农的嫌疑，也排除了马某下午挤出的牛奶的嫌疑，那么问题就出现在上午挤出的牛奶。在事发当天，早上购买并食用牛奶的居民均无中毒，而食用上午剩余牛奶的用户都出现了食物中毒。因此，警方推断可能是有人在马某上午剩余的这批牛奶里添加了亚硝酸盐。

2011年4月7日21时，此时，时间已经过去了12个小时。由于此案件影响恶劣，造成了社会人民的恐慌，警方必须尽早将此案侦破才能尽快稳定受害人家属情绪。于是，警方连夜将毒牛奶以及马某家剩余的牛奶、牛饲料等54份检验材料送往甘肃省公安厅检测部门，请求检验鉴定。

2. 人为投毒

2011年4月8日，在事发第二天甘肃省公安厅检测部门传来消息：送来的检材中有毒的10份是马某家2011年4月5日、6日的牛奶和1份洗刷奶罐的水样，11份检材中亚硝酸盐含量高低不等。因此警方更加确认，亚硝酸盐是在5日、6日上午挤完奶后人为添加，并非生产过程中不慎污染[3-5]。

此案件出现了关键性突破——导致多人中毒以及三人死亡的毒牛奶中的亚硝酸盐属人为添加。

排除了生产中污染，确认为人为投放，警方开始思考，牛奶中的亚硝酸盐是谁投放的？警方在调查中了解到，马某一家人也在食用自家生产的牛奶，且马某经营的养牛场仍有大量债务尚未偿还。因此，警方考虑，马某一家人并无作案动机。

除了马某，还有谁有作案嫌疑？警方将马某一家排除后扩大调查范围，开始逐步调查马某的社会关系。与马某合伙承包并经营奶牛场的吴某夫妇成为警方重点调查对象。

警方经过调查得知，马某的养牛场并不是自家承包，而是马某和吴某两家共同承包，两家平摊每年的1.2万元租金，在共同承包养牛场期间，两家因琐事矛盾不断并逐渐升级，双方家庭在养牛场生意上更是存在矛盾。起初吴家客户众多，而马家只有寥寥几家。但是在春节过后不久，马家撬走了吴家的大客户，并且越做越大，而吴家生意日渐惨淡，最后仅剩下7户客户。马某在得到几家大客户之后，生意越做越好，牛奶供不应求，但是由于两家矛盾不断，马家并没有选择从吴家收购牛奶，反而去寻找别处的养牛户收购。警方在一番调查之后，将吴某夫妇锁定为犯罪嫌疑人。

3. 水落石出

警方迅速对吴某夫妇展开全面调查，吴某夫妇作案动机最明确，并且具备作案时间；由于同处一个养牛场，吴某夫妻能够轻易接触马某配送牛奶的设备以及奶罐，并且在案发前几日，马某妻子下午由于生病要去输液，正赶上马某外出送奶，此时养牛场只剩吴某妻子一人。

公安部门决定将吴某夫妇拘捕审讯，在审讯阶段，提到毒牛奶，吴某夫妇便一言不发。这时，已是 2011 年 4 月 9 日中午。

2011 年 4 月 9 号下午，警方在搜查吴某家中以及养牛场附近时发现了亚硝酸盐残留物。

另一边，侦查员也发现了吴某曾在一家客户的店铺内购买过煮肉用的"火硝"。

2011 年 4 月 10 日下午 14 时，终于，在证据面前吴某夫妇承认了自己犯下的罪行，吴某妻子曾在 5 日、6 日中午两次趁马某外出时在牛奶中投放"火硝"，并供述了整个作案经过。吴某妻子在招供时说道马家不断制造并引起纠纷为难吴家让他俩十分恼火，因此夫妻二人决定捣毁马家的生意，选择了购买"火硝"并投放至马家奶罐内。

至此，平凉"4·7"投毒案告破。

三、事件启示

1. 加强食品安全知识的普及

在从事食品生产加工之前确保自身及员工熟知食品添加剂的安全知识及使用剂量，同时增强员工自身的法律意识。

2. 对食品加工企业敲响了警钟

食品加工企业需要注意：第一，原料控制环节，应对原料重大风险源进行定期或者不定期的检测；第二，生产加工过程控制环节必须规范操作，严格按照法律法规中食品添加剂的使用规范进行操作；第三，检验环节，应对重大风险源进行定期或者不定期的检测，杜绝各种情况的恶意竞争性、报复性行为发生进而影响他人生命财产安全。

四、相关法规

亚硝酸盐作为一种有毒物质，在食品加工生产中的使用有着严格的要求。

《食品安全国家标准　食品添加剂使用标准》（GB 2760—2014）做出了明确的使用方法和使用量规定。在《食品安全国家标准　食品中污染物限量》（GB 2762—2012）中也对亚硝酸盐的残留量给出了明确规定。《卫生部国家食药监管局关于禁止餐饮服务单位采购、贮存、使用食品添加剂亚硝酸盐的公告》（卫生部公告 2012 年第 10 号）禁止餐饮服务单位采购、贮存、使用食品添加剂亚硝酸盐（亚硝酸钠、亚硝酸钾）[6]。

五、关联知识

亚硝酸盐是一类无机化合物的总称，主要指亚硝酸钠，亚硝酸钠为白色至淡黄色粉末或颗粒状，味微咸，易溶于水。硝酸盐和亚硝酸盐广泛存在于环境中，是自然界中最普遍的含氮化合物。人体内硝酸盐在微生物的作用下可还原为亚硝酸盐，N-亚硝基化合物的前体物质。外观及滋味都与食盐相似，并在工业、建筑业中广为使用，肉类制品中也允许作为发色剂限量使用。由亚硝酸盐引起食物中毒的概率较高，食入 0.3～0.5g 的亚硝酸盐即可引起中毒，3g 可导致死亡。

2017 年 10 月 27 日，世界卫生组织国际癌症研究机构公布的致癌物清单里，导致内源性亚硝化条件下摄入的硝酸盐或亚硝酸盐在 2A 类致癌物清单中。

◆ 参考文献 ◆

[1] 甘肃平凉牛奶中毒事件确认为特大投毒案件 [EB/OL]. 中国新闻网，2011-04-10 [2021-04-06]. https://www.chinanews.com/tp/2011/04-10/2962309.shtml.

[2] 姜伟超. 甘肃平凉牛奶投毒案主犯被执行注射死刑 [EB/OL]. 中国新闻网，2013-07-03 [2021-04-06]. https://www.chinanews.com/fz/2013/07-03/4999628.shtml.

[3] 冯志军. 甘肃平凉特大牛奶投毒案主犯一审被判死刑 [EB/OL]. 2011-12-08 [2021-04-06]. http://www.chinanews.com/fz/2011/12-08/3519170.shtml.

[4] 朱国亮, 高健钧. 甘肃平凉 "4·7" 牛奶投毒案主犯一审被判处死刑 [EB/OL]. 2011-12-09 [2021-04-06]. http://www.chinanews.com/fz/2011/12-09/3521614.shtml.

[5] 王博. 甘肃平凉牛奶投毒案终审维持原判 主犯仍判死刑 [EB/OL]. 2012-12-12 [2021-04-06]. http://www.chinanews.com/fz/2012/12-12/4403073.shtml.

[6] 餐饮服务单位禁止采购、贮存、使用食品添加剂亚硝酸盐 [J]. 中国卫生标准管理，2012，3(3)：33.

（本案例由张芳编写）

案例22

大肠杆菌O$_{157}$：H$_7$污染事件

一、事件描述

大肠杆菌 O$_{157}$：H$_7$ 是近年发现感染人后能够引起人出血性腹泻和肠炎，并危害严重的肠道传染病，它是大肠杆菌的一个亚型（O$_{157}$ 是细菌菌体抗原的编号，H$_7$ 是细菌鞭毛抗原的编号）。

1996 年，大肠杆菌 O$_{157}$：H$_7$ 引起的食物中毒在日本的爆发流行轰动了全世界，这是自发现大肠杆菌 O$_{157}$：H$_7$ 以来由其引起的最大规模的一次爆发流行。据日本媒体报道，最初日本冈山、广岛等县的许多中学和幼儿园发生集体食物中毒，并迅速波及周边四十多个都府县，发病人数高达 9000 多人，数人死亡，上百所学校停课[1]。

大肠杆菌 O$_{157}$：H$_7$ 感染人的报道最早可以追溯到 1975 年。一位美国妇女因患急性出血性结肠炎而住院，从这位病人的粪便中检出一种未见过的新血清型大肠杆菌。但是，当时人们并没有认识到这种新的血清型大肠杆菌具有致病性[2]。直到 1982 年，美国的密歇根州和俄勒冈州，分别爆发了两起因食用汉堡包引起的食物中毒事件，Riley 报道从病人的粪便和可疑食品中也检测出这种新血清型的大肠杆菌 O$_{157}$：H$_7$。与以往引起腹泻的大肠杆菌不同，这两起食物中毒患者典型症状为血性水样便、严重腹绞痛、不发热或低热，因而将这种新血清型的大肠杆菌命名为肠出血性大肠杆菌（简称 EHEC）。在同一年 12 月，据当地媒体报道，加拿大一所疗养院中，也出现了 31 例症状相似的腹泻患者[3]，这种大肠杆菌血清型在北美洲引起的爆发和其他散发病例的临床表现引起了广泛关注。自此，人们对该菌的致病性有了明确的认识。此后，在世界范围内的多个国家都陆续发生过由大肠杆菌 O$_{157}$：H$_7$ 引起的爆发流行，如澳大利亚、威尔士、瑞典、苏格兰等。由于大肠杆菌 O_{157}：H_7 会代谢产生致病力很高的毒素，被感染的病例中，死亡率达 2%～10%，因此日益被公众所关注。

大肠杆菌 O_{157}：H_7 的感染呈现世界流行性，所感染的病例已波及全球五大洲。

二、中国的流行情况

1986 年，江苏省徐州市卫生防疫站报道，从一位出血性腹泻患者的粪便样本中分离出大肠杆菌 O_{157}：H_7，这是我国最早报道的大肠杆菌 O_{157}：H_7 感染人事件，此后相继北京、浙江、山东、江苏、河南、安徽等地卫生防疫站也报道了大肠杆菌 O_{157}：H_7 感染的散发病例。

1999 年春季，江苏省徐州市爆发流行了大肠杆菌 O_{157}：H_7 感染中毒事件，患者出现腹泻并发急性肾衰竭，这是我国自发现大肠杆菌 O_{157}：H_7 以来，首次出现的较大规模的感染流行。147 例感染病例中，因感染性腹泻并发急性肾衰而死亡的病例高达 80%[4]。此次流行时间长达 7 个月，病情来势凶猛，病程进展迅速。此后，在我国十几个省市均出现大肠杆菌 O_{157}：H_7 感染的散发性病例，因此，存在潜在疫情爆发流行的威胁。

我国专家在中华医学会第七次全国感染病学术会议上提出：出血性大肠杆菌 O_{157}：H_7 是近年来涌现的感染性腹泻新病原体，其影响面广、危害较大。目前，它引起的疾病是仅次于霍乱的危险病种，尤其在我国的苏、皖、豫地区，大肠杆菌 O_{157}：H_7 已成为主要引起细菌性腹泻的病原菌。

三、原因分析

1996 年日本大肠杆菌 O_{157}：H_7 食物中毒的大爆发，经调查是人们食用了被大肠杆菌 O_{157}：H_7 感染的萝卜苗所引起的[5]。此后，随着人们对该菌致病性的了解，发现这种病菌可通过多种途径感染人，如进食未烹饪熟透的食物（特别是碎牛肉、汉堡及烤牛肉），饮用受污染的水，饮用未经消毒的奶类、果汁，或进食未经消毒的芝士、蔬菜及乳酪。经总结，专家们发现该病菌的流行特点如下：

① 大肠杆菌 O_{157}：H_7 大多呈散发性感染病例，再经小规模爆发、家庭爆发，引发大规模爆发流行。

② 大肠杆菌 O_{157}：H_7 的感染在每年 6～9 月份的夏秋季节为高峰，而 11 月份至次年 2 月份感染发病的极少。

③ 发达国家感染大肠杆菌 O_{157}：H_7 病例较多，以散发性病例为主，大多

数病人是食用了被感染的又未充分加热熟透的食物所引起的。

④ 5～9 岁的儿童和 50～59 岁的老人易感染此病，但其他年龄阶段的患者也有报道，最小 3 个月，最大 85 岁。

⑤ 农场饲喂的动物，例如牛、羊、猪、鸡、马、鸽子等，均可能是携带大肠杆菌 O_{157}：H_7 的中间宿主。

⑥ 畜产品如牛肉、生奶、鸡肉及其加工制品，蔬菜、水果及其加工制品，均可被大肠杆菌 O_{157}：H_7 污染，其中，最主要的传播载体是牛肉。一些用于榨汁的水果若未洗净，果汁未高温灭菌，也会导致 O_{157}：H_7 的传染。实验发现，将未加防腐剂的果汁在冰箱存放，存在于其中的大肠杆菌 O_{157}：H_7 可存活 20 天以上。

⑦ 大肠杆菌 O_{157}：H_7 耐低温，能在冰箱内长期生存；在污染的水中也能保持数周至数月的活性；但其不耐热，在 75℃ 条件下保持 1min 即可将其灭活。因此，食物的所有部分加热至 75℃ 即可消灭大肠杆菌 O_{157}：H_7。

四、事件启示

1. 加强监督和管理，严防"病从口入"

本案例中，日本大肠杆菌 O_{157}：H_7 的爆发流行，是食用了被病菌污染的萝卜苗所引起的。据报道，截至 2001 年美国已在 40 个州发生 100 多起 O_{157} 爆发感染事件，其中 52％ 是牛制品引起，61％ 是人与人接触传播，14％ 是水果与蔬菜引起，12％ 是水引起的[6,7]。因此，应加强对肉类、禽蛋类食品大肠杆菌 O_{157}：H_7 的检测工作，加强对食品生产企业的卫生监督，加强对畜禽的卫生检验。大肠杆菌 O_{157}：H_7 最终都是经口感染人体，因此，预防大肠杆菌 O_{157}：H_7 的感染，最主要的措施是保证食品和饮水的卫生安全。

2. 开展爱国卫生运动，不断改善卫生环境

广泛开展群众性爱国卫生运动，不断改善卫生环境，彻底加热杀灭致病菌，这是防止食物中毒的关键。大量证据表明，人们因饮用了被污染的水或食用了被污染而又未充分加热熟透的食物，而感染大肠杆菌 O_{157}：H_7。因此，应告诉广大群众，烹饪食物时，特别是肉类食物，应将其中心部位彻底煮至 75℃ 以上 2～3min，即可将大肠杆菌消灭。对于加工制成的熟食制品，长时间放置后，食用前应再次彻底加热。对于禽蛋类，带壳煮或蒸之前需要将整个蛋洗净，然后煮沸 8～10min 以上食用。

3. 对食品生产加工企业的重要启示

该案例对食品生产加工企业具有重要启示。食品生产企业在加工过程中应

注意以下两点：第一，在食品的储藏、烹调、加工、运输、销售过程中，应加强卫生管理，特别是对肉类食品制作过程中，要保持加工场所及器皿清洁，防止污染，尤其是要防止熟肉类制品被带菌者、带菌容器污染或生熟食品的交叉污染；第二，对于食品及食品原料要低温储存，生熟食品分开保存，加工后的熟肉制品应尽快销售或低温储存并缩短储存时间。

五、相关法规

2002 年 4 月，我国卫生部制定了《全国肠出血性大肠杆菌 O_{157}：H_7 感染性腹泻应急处理预案》[8]，2005 年 8 月又正式出台了《肠出血性大肠杆菌 O_{157}：H_7 感染性腹泻监测方案（试行）》[9]，方案主要内容包括：在疫情爆发时，当地政府统一领导疫情处理工作小组，同时应加强食品卫生监督监测，如应坚决取缔无营业执照的食品生产、经营单位，对食品生产、经营单位检查不符合卫生要求的应停业整顿，对可疑被污染的食品暂时封存，暂停食品的生产和经营，必要时做销毁处理。对与疫情发生有关的食品从业人员进行病原菌检查，对腹泻病人和检查后发现的健康带菌者均应立即隔离，并进行治疗，经治疗后病人粪检连续三次（间隔 3 天）呈现阴性，才可解除隔离。疫情流行期间，应禁止疫点、疫区内的聚餐、宴请活动。

六、关联知识

1. 什么是大肠杆菌 O_{157}：H_7？

大肠杆菌是存在于人和动物肠道内的正常菌群，数量也最多，它的特征为小棒杆状，两端钝圆，周身附有鞭毛，无芽孢，能运动，因主要存在于大肠内，而被称为大肠杆菌。

大肠杆菌与人体的关系在正常情况下是互利共生的，不仅帮助人体合成维生素 K，同时能竞争性抵御致病性细菌对人体的进攻。但是，当人体患病免疫力下降，或者吃了被大量致病性大肠杆菌污染的食品时，便会发生食物中毒。

目前已知致病性大肠杆菌主要分为以下五类：肠侵袭性大肠杆菌、肠产毒性大肠杆菌、肠出血性大肠杆菌、肠致病性大肠杆菌和肠黏附性大肠杆菌。大肠杆菌 O_{157}：H_7 属于肠出血性大肠杆菌的一种，它能产生致病性极强的志贺样毒素，引发出血性肠炎，5 岁以下的儿童极易感染，主要临床症状表现为：剧烈腹痛和血便，严重的患者甚至出现溶血性尿毒症，甚至导致人死亡。

2. 大肠杆菌 O_{157}：　H_7 是如何传播的呢？

我国卫生部 2001 年统计结果表明，大部分大肠杆菌 O_{157}：H_7 导致的爆发流行属于食源性疾病，占 71%，其中又有 52% 是由食用牛肉制品引起的，尤其是与快餐店制作的牛肉汉堡包有关，14% 来源于食用被污染的水果、蔬菜，5% 来源于食用了被污染的未知食品，16% 的感染者是由于接触了被感染的人，12% 的感染者是由于饮用了被污染的水源[10]。由此可见，由食物导致的感染是大肠杆菌 O_{157}：H_7 致病的主要途径。杭州市疾病控制中心最近研究报道称：鼠、蝇、蟑螂等也可传播大肠杆菌 O_{157}：H_7，这些小动物感染病菌后，可带菌生长 8～9 天，对人也存在潜在威胁[11]。

3. 预防大肠杆菌 O_{157}：　H_7 食物中毒及诊断

食用了被大肠杆菌 O_{157}：H_7 污染的食物，尤其是未煮熟的或半生不熟的肉制品、未经过巴氏消毒的奶制品，以及被污染的水果、蔬菜、水等，是传播大肠杆菌 O_{157}：H_7 的主要途径。针对以上传播途径，需要采用有效的预防方法[12]。

（1）预防方法

① 保持加工场所器皿清洁，妥善丢弃、放置垃圾；

② 保持双手清洁，经常修剪指甲；

③ 用肥皂洗手并用清水洗净后才能进食或处理食物，如厕或给婴儿更换尿片后也应及时洗手；

④ 应饮用煮沸后的自来水；

⑤ 购买新鲜食物应选择正规场所，不要图便宜光顾无照经营的小摊小贩；

⑥ 避免食用未经高温消毒处理的牛奶，未烹饪熟透的汉堡扒、碎牛肉以及其他高危肉类食品；

⑦ 应穿着整洁、易洗涤的围裙烹调食物，同时戴上帽子遮住头发；

⑧ 食物应彻底清洗；

⑨ 将容易腐败变质的食物盖好盖并于冰柜中存放；

⑩ 应分开处理和存放生食及熟食，如冰箱的冷藏区易存放熟食，冷冻区易存放生食，尤其对于牛肉及牛的内脏存放时，更应注意储存的温度和位置；

⑪ 应定期清洁冰箱和对冰箱进行融雪，应保持冰箱的温度在 4℃ 或更低；

⑫ 消灭大肠杆菌 O_{157}：H_7，只需要将食物的所有部位加热至 75℃，因此，对于碎牛肉及汉堡扒等牛肉制品，彻底煮至 75℃ 并保持 2～3min，直至肉的颜色完全转变为褐色，肉汁亦变得清澈后才是安全的；

⑬ 不要徒手处理熟食，如有需要，应戴上手套；

⑭ 食物煮熟后应尽快食用；

⑮ 吃剩的熟食，应冷藏，并尽快食用，食用前应彻底加热，变质的食物应该弃掉。

（2）诊断

具有以下表现之一者即为疑似大肠杆菌 O_{157}：H_7 感染病例：

① 患者出现血便、低烧或不发烧、痉挛性腹痛及腹泻；

② 腹泻若干天后表现为少尿或无尿并伴随急性肾功能衰竭的患者；

③ 采集腹泻病人粪便标本，用 O_{157} 抗原免疫胶体金方法检测，呈现阳性的患者。

其中③为新增标准。

（3）确诊病人

① 粪便中检出肠产毒性大肠杆菌 O_{157}：H_7 或其他出血性大肠杆菌；

② 在大肠杆菌 O_{157}：H_7 流行区内，经专家确认与确诊病例；

③ 腹泻患者的粪便中分离出不产生志贺毒素 1 或志贺毒素 2 及其变种的肠出血性大肠杆菌 O_{157}：H_7，亦为确诊病例（不产毒）。

◆ 参考文献 ◆

[1] 王燕，谢贵林，杜琳. 大肠杆菌 O_{157}：H_7 感染流行概况 [J]. 微生物学免疫学进展，2008，36（1）：51-58.

[2] 葛树刚，刘齐家. 肠出血性大肠杆菌的研究进展 [J]. 中国公共卫生，1990，6（4）：179-181.

[3] 徐大麟. 大肠杆菌 O_{157}：H_7 引起的出血性结肠炎 [J]. 国外医学（消化系疾病分册），1984（3）.

[4] 陈茂杰，王惠新，吴岭. 江苏省徐州市 1999 年大肠杆菌 O_{157}：H_7 感染性腹泻并急性肾衰的临床研究 [J]. 临床医学，2004，24（8）：27-28.

[5] 徐兆炜. 日本堺市肠出血性大肠杆菌感染 [J]. 防医学情报杂志，1996，12（3）：139.

[6] 张文元，何浙生. 肠出血性大肠杆菌 O_{157}：H_7 的流行状况及防治措施 [J]. 旅行医学科学，2001，7（1）：31-33.

[7] Reilly A. Prevention and control of enterohaemorrhagic Escherichia coli (EHEC) infections: Memorandum from a WHO meeting. Bulletion of World Health Organization, 1998：76（3）：245-255.

[8] 中华人民共和国卫生部，全国肠出血性大肠杆菌 O_{157}：H_7 感染性腹泻应急处理预案（试行）. 《中国卫生年鉴》编辑委员会，2001.

[9] 中华人民共和国国家卫生健康委员会. 肠出血性大肠杆菌 O_{157}：H_7 感染性腹泻监测方案（试行）[EB/OL]. 2020-8-15 [2021-04-06]. http://www.nhc.gov.cn/wjw/zcjd/201304/017834036fd140dcbf7e3fcedab60a4c.shtml.

[10] 浙江省绍兴市疾病预防控制中心. 由 O_{157}：H_7 肠出血性大肠杆菌造成的感染性腹泻 [EB/OL].

2018-11-22 [2021-04-06]. http：//sxws. sx. gov. cn/art/2018/11/22/art _ 1511131 _ 25533016. html.

[11] 倪晓平，孙建荣，邱丽华，等. 大肠杆菌 O_{157}：H_7 鼠蝇蜚蠊实验带菌消长研究 [A]. 预防医学学科发展蓝皮书——2002 卷 [C].：中华预防医学会，2002：1.

[12] 李升团，韩光红. 大肠杆菌 O_{157}：H_7 感染的病原学与流行病学 [J]. 解放军预防医学杂志，1997，05：77-79.

（本案例由王丽玲编写）

腐烂变质的蔬菜
不能食用

案例 **23**

学校食堂食品安全事件

一、事件描述

2018 年 10 月 18 日，上海某国际小学的家长发现学校提供给孩子们的午餐与承诺不符，每份 24 元的午餐只有两个速冻包子、一个小鸭腿、一勺蔬菜和一盒牛奶。

第二天下午，学校召开家长会。当家长提出校方更换供应商、设立合理监督机制等要求时，没有得到满意的答复。会议过程中，有家长提出要查看食堂。结果在学校厨房堆放的食物原材料中，发现了腐烂变质的番茄和洋葱，还发现存在涂改保质期的现象，后厨的汤碗没有清洗干净，上面还粘着油渍和葱花。

群情激愤的家长们，将照片上传网络，迅速引起了全国关注。

该校的供应商某公司是全球 500 强、餐饮业巨头，是国际学校的两大餐饮供应商之一，这个背景使得一个偶发的个案演变成影响全国的食品安全事件。

随着调查处理结果的及时公布，公众情绪趋于稳定，各种媒体开始理性面对并分析此案件。

1. 事件的调查

2018 年 10 月 19 日 20 时，上海市食药监局接到举报，反映上海市某民办学校食堂存在蔬菜发霉、厨房环境脏乱等食品安全问题。食药监局立即会同区教育局、卫计委等赴现场调查。现场检查时发现，该校食堂持有有效食品经营许可证，但确实存在蔬菜霉变、涂改加工日期及保质期等现象[1-5]。

2018 年 10 月 20 日上午，上海市浦东新区市场监督管理局公布：针对现场检查发现的问题，执法人员立即对该校食堂存在食品安全风险隐患的食品予以封存；采集留样食品及厨房冰箱内半成品共计 21 件样品送检测机构检测；同时责令校方立即停止原承包商供餐，后续供餐方式由学校提出方案提交市场监督管理局和教育部门审核后再行供餐；要求该学校切实落实食品安全主体责任，进一步强化食品安全内部管理。

随后，上海市食药监局和市教委要求全市所有中小学和幼儿园开展自查，并对该公司提供餐饮服务的上海市所有 28 家学校食堂以及该公司物流仓库全面开展检查，并面向全市中小学校和幼儿园开展食堂食品安全专项检查。调查结果显示，个别学校食堂存在蔬菜霉变、半成品提前标注加工日期、虚假标注标签的调味品、调味品和半成品超过标注的保质期限等问题。针对发现存在不同程度食品安全问题的三所学校立即停止由该公司继续提供餐饮服务，并对涉嫌存在食品安全违法行为的该公司立案调查[1]。

2018 年 10 月 23 日凌晨，上海市食药监局和教委联合通报：对该公司在全市及其他地区承包的食堂发出食品安全警示，防止次生事件发生；同时将会同教育主管部门对全市所有学校食堂开展专项检查，防止类似事件发生。

2. 事件原因分析和处理

浦东新区教育局责令该民办学校董事会向家长和社会公开道歉，对相关责任人进行严肃追责。上海市各区进一步健全完善了学校食品安全监管长效机制，形成做到校长每周自查、责任督学每月检查、家委会不定时查看的检查制度，发现食品安全问题必须立即督促整改并进行通报批评和问责。

该学校董事会发出公开致歉信。信中表示：免去总校长、总务主任及食堂管理员职务，并接受调查，新的供应商已入驻。学校方面承诺今后要对厨房做出一个全方位的整改，将后厨改造成"透明厨房"；更换较好的检测仪器，确保食品的卫生和安全；在食品供应的数量和选择面上做较大的提升。

2018 年 10 月 22 日，国家市场监督管理总局发布公告，市场监管总局、教育部高度重视该学校食堂存在的食品安全问题，依法严肃查处违法违规行为，及时报告和发布调查处置信息[6,7]。全国举一反三，全面排查校园食品安全风险，切实做好校园食品安全工作。食品安全监管部门要加大对学校食堂食品安全日常监督检查，学校要切实担负起校园食品安全主体责任，加强营养健康和食品安全知识科普宣传，加强学校食堂从业人员食品安全知识培训，严格落实《餐饮服务食品安全操作规范》，对大宗食品实行公开招标、集中定点采购，建立稳定的供货渠道；加强从业人员健康管理，严惩重处违法违规行为。鼓励家长委员会参与食品安全监管，发挥社会监督作用[8-11]。

二、事件启示

1. 同期我国发生了哪些学生食堂安全事件?

2018 年 9 月,江西万安、河南洛阳、西藏双湖等全国多地集中发生了学生群体性食物中毒食品安全事故,不仅危及学生身体健康,而且在全国造成了恶劣影响。2019 年爆发的引起全国关注的成都某实验学校食品安全事件,一度使家长与学校矛盾升级,引起政府和媒体高度关注。后经调查核实,确定网络流传甚广的学生家长卧底学校食堂发现了"食物问题"这一说法是谣言,有家长承认蓄意"摆拍照片"是为了制造影响,发布虚假图片视频,以引起社会关注,达到向校方施压目的。

2. 分析原因,提出合理化建议

针对我国近年来频繁爆发的学生食堂安全事件,分析原因,提出合理化建议。

我国正处于学校后勤服务外包这一市场化模式的尝试期,此案的外包商属英国企业、世界 500 强、信誉好,使得学校放松了警惕,大多类似情况的学校都缺乏相应的监管体系。学生餐配送前有抽查,配送后放过期了没人查。因此,不能只是指望食品供应商与校领导自觉,学校内部建立科学的食品安全监督体系是势在必行的。教育产业的公共属性和食品安全问题的社会性决定了校园食品安全的监管,必须依靠社会各界力量的广泛参与和积极配合。除食品监管部门、教育管理部门等职能部门应加强监管外,还应充分发挥家庭、社会的作用,畅通监督举报渠道,加大联动处置力度,需要从全民教育、食品安全风险分析体制设计到监督机制等各个方面共同发力,才可能从根源上控制学校食品安全事件的爆发。

还有一个关键原因是违法成本太低,对犯罪分子惩罚力度不够严厉。需要用完善的风险评估及监督惩罚制度来保障食品安全,对幼儿园、相关企业和人员纳入"黑名单",依法从重处罚,多方面压缩其生存空间,提高违法成本。

3. 针对校园食堂安全,政府做了哪些举措?

此案发生后,为切实加强学校食品安全工作,有效预防食品安全事故发生,我国政府颁布紧急通知:

(1)立即开展学校食品安全隐患排查

各地教育行政部门要充分认识学校食品安全工作的重要性,牢固树立食品安全工作红线意识和底线思维,重点检查学校食堂卫生状况,及时发现食品安全管理中存在的问题,提前消除安全隐患。同时加强对供应商的监管,完善食材的招标采购和验收环节，坚决拒不合格食材于校门之外。

（2）严格落实学校食品安全管理制度

全国各地学校要严格执行食品安全有关法律法规，完善学校食品安全管理制度，制定食品安全应急预案。严格落实岗位人员持证上岗制度，重点加强饮食容器的消毒工作。落实校长及教师的陪餐制度。要针对学校食堂食品从采购到加工、销售等重点环节，建立定期检查和食品安全自查制度，对食物中毒事件防患于未然，以确保师生饮食健康安全。

（3）切实加强学校食品安全督导检查

要将学校食品安全工作作为各地教育督导部门专项督导的重要内容。对不重视学校食品安全工作造成重大食品安全事故或不良社会影响的，要严肃追究相关人员责任，构成渎职犯罪的，依法追究法律责任。

2019 年 2 月 20 日教育部公布了《学校食品安全与营养健康管理规定》。要求地方教育行政部门及学校加强食品安全的宣传教育，普及食品安全知识，倡导健康的饮食方式，增强师生食品安全意识和自我保护能力。

三、国外对校园食堂安全的监管

1. 美国政府所采取的措施

美国作为在食品安全方面做得比较先进的国家是否存在同样的问题？他们在学校食堂安全管理方面采取了什么有力措施？

美国在二十多年前也遭遇过校园食堂安全事件频发的境况：1996 年，美国加州的五所学校 400 个孩子因为吃意大利面中毒；1998 年，美国 7 个州1200 个学生，在吃了芝加哥某工厂生产的煎饼之后集体中毒；1998 年，华盛顿某学校的 12 个孩子因为吃了感染大肠杆菌病毒的牛肉中毒，其中一个 2 岁女孩要做肾移植，可见当时情况之严重。

之后美国政府开始革命性地改变监管体系[12]。美国农业部负责监管提供肉类给学校的供应商。当时通过安装摄像头，发现每年为学校提供鸡肉的一家工厂的鸡肉有感染病毒，成功阻止了一些恶性事件的发生。被查到有问题的厂家必须整改，直到符合 USDA 要求后，才会被重新纳入校园餐饮采购体系。美国农业部还倡导家长共同监督学校厨房，并加大了惩罚力度，华盛顿有起校园食物安全事故中中毒的孩子家庭，最终获得高达 470 万美金的赔偿。

在不断的改进中，美国学校食品安全的标准规范、法律法规日趋健全。自2005 年 7 月 1 日开始，凡是接受联邦全国学校午餐和早餐项目资助的学校，每年至少 2 次接受卫生部门强制性食堂卫生检查，且学校应公布最新的检查报告，并提供报告副本。

纽约教育局要求所有学校的厨房人员都要接受专门的任职和在职培训，除此之外，每个学校还要至少保证有一名人员参加过卫健部门有关卫生和食物处理的专业培训，获得卫健部门颁发的食品安全防护资格证。纽约教育局设有食品技术处，专责学校食品安全监管，检查每年不低于 2 次，通过不定期检查学校食堂提前发现安全问题，检查人员会依据违反有关食品安全标准和规范对食品安全造成的危害程度予以扣分。

自此，纽约学校食堂卫生安全情况得到了极大的改善。

2. 其他国家对校园食堂安全的监管

哈萨克斯坦首都努尔苏丹要求全市所有学校饭堂装上视频监控，所有家长可以看到厨房给孩子做的食物质量。

澳大利亚规定学校饭堂一定要聘请参加过食品安全监督员课程和培训并获得资格证的食物安全监管员，违法者将面临重罚。

日本为学生提供午餐主要有两种形式：一种是学校自己建食堂烹饪，只为本校提供配餐；另外一种是委托配餐中心为周围数所学校提供配餐，一般配送距离控制在 4km 左右，以保证午餐在 10min 以内送达。学校学生数只要超过 600 人，必须配备专职营养师。人数不足的可以两校或者多校合用一位。营养师必须是营养专业毕业后经过两年培训方可上岗。厨师和营养师都享受地方公务员待遇。对食物从原料到烹饪全过程进行严格管控。各操作间必须穿固定的工作服，进入工作间前要经过消毒。蔬菜水果必须洗四次。原材料不能单纯从普通的超市里购买，要从多家公司进货；营养午餐要保证用新鲜食品。生产区域每天都需要检查。所有食品的加工温度、供应时间都有严格要求；每餐样品要在 −20℃ 保留两周，以备检查。学校校医、当地卫生部门、教育部门每年要对学校食堂及配餐中学进行多次检查。地方政府、学校管理者、营养师和家长联席会都参与到对学校食堂的监督管理之中。实行校长试餐制，要在学生用餐一个小时之前在办公室里当着老师们的面先试吃，为食物的质量承担责任。

四、相关法规

2012 年教育部等 15 个部门联合印发《农村义务教育学生营养改善计划实施细则等五个配套文件的通知》，详细规范了农村义务教育学校的食堂以及学生营养改善计划，以确保农村义务教育学校学生食品的营养安全。

2016 年发布《国务院食品安全办等 6 部门关于进一步加强学校校园及周边食品安全工作的意见》，综合治理学校食堂、供餐单位及周边食品安全。同年发布《国务院食品安全办等 6 部门关于开展学校校园及周边食品安全联合督查工作的通知》，联合督查学校校园及周边食品安全。

2018 年颁发《关于开展农村义务教育学生营养改善计划专项督导的通知》，严格要求地方政府及各有关部门将学校食品安全工作作为专项督导的重要内容。

2019 年教育部等相关部委公布《学校食品安全与营养健康管理规定》，中共中央办公厅和国务院办公厅又印发了《地方党政领导干部食品安全责任制规定》，要求地方各级政府应当加强食品安全的宣传教育，普及食品安全知识，增强消费者食品安全意识和自我保护能力。2019 年，为保障广大师生身心健康，国家市场监管总局办公厅及教育部办公厅联合发布了《关于开展 2019 年春季开学学校食品安全风险隐患排查工作的通知》。

◆ 参考文献 ◆

[1] 周琳，尹世杰. 上海民办中芯学校食品供应商被立案调查［N］. 新华社，2018-10-23.

[2] 张玥，陈爱晨，周凡妮，等. "上海中芯学校霉变番茄"事件追踪：谁是餐饮供应商？［N］. 南方周末，2018-10-22.

[3] 徐银，康玉湛，王祎. 上海中芯国际学校食品变质问题跟踪：新供应商入驻［N］. 中国新闻网，2018-10-24.

[4] 市场监管总局和教育部高度重视上海中芯学校食品安全问题　上海市食品药品、教育部门已开展调查［N］. 国家市场监督管理总局，2018-10-22.

[5] 国际学校食品安全事件后续：已完成 28 所学校检查　中芯校长被免职［N］. 界面新闻，2018-10-23.

[6] 教育部紧急通知：排查学校食品安全隐患［N］. 南方周末，2019-03-14.

[7] 张樵苏. 教育部要求营养改善计划试点地区学校立即开展食品安全隐患排查［N］. 新华社，2018-09-07.

[8] 言咏. 上海中芯学校"烂番茄"风波谁之过［N］. 经济观察报，2018-10-27.

[9] 巨云鹏，陈晨. 三问上海国际学校食堂事件：何以受伤的总是民办学校？［N］. 人民日报，2018-10-30.

[10] 陈平. 浅议我国食品风险评估的建立［J］. 就业与保障，2016（4）：32-33.

[11] 肖亚雷. 食品安全、政策失效与决策逻辑——基于"行动—制度"的二重性分析［J］. 现代管理科学，2016（9）：115-117.

[12] 吴风雨. 国内外食品质量安全监管体系的比较与分析［J］. 食品安全质量检测学报，2019，10（11）：3611-3614.

（本案例由吴澎编写）